UN243936

RNAV ハンドブック

PBN の理解と普及のために

中西　善信著

鳳文書林出版販売㈱

はじめに

　最初に読者の皆さんにクイズです。パイロットの立場からお答えください。答えは YES または NO の 2 択です。

Q1:　GPS 受信機を搭載していれば、公示された RNAV5 経路を飛行してもよい。

Q2:　FMS（Flight Management System）を搭載していれば、公示された RNAV1 SID を飛行してもよい。

Q3:　航空機が RNAV5 に対する要件を満足していれば、公示された RNAV5 経路を飛行してもよい。

Q4:　RNAV1 飛行方式を飛行する許可を受けていれば、当然のことながら、RNAV5 経路を飛行してもよい。

　厳密に議論しようとするとかなり説明が長くなりますが、基本的には、上記質問の答えは全て NO です。本書のねらいは、これらの質問の答えとその背景・理由を理解していただくことにあります。

　筆者は、RNAV（広域航法）の源流をさかのぼると、1980 年代頃にまで遡ることができると考えています。つまりその頃から、何らかの形で、地上施設の配置に制約されない飛行は可能だったわけです。現在、RNAV の理解を難しくしているのは、RNAV の概念が、PBN（性能準拠型航法: わが国流にいえば「航法精度を指定した RNAV」）に昇華し、元の広域航法以外の要素が盛り込まれていることにあると考えます。しかし、PBN への移行にももちろん理由があります。本書は、その背景について説明し、PBN の普及に向けた理解促進の一助となりたいと考えています。

はじめに

　そもそも、本書執筆の動機の源泉は、「RNAV はもっと広く普及すべき」との思いにあります。昨今、いろんな方々と交流させていただく中で、運航者の方から、「わが社の航空機は RNAV に適合しているが、社として許可取得に至っていない」というようなお声を聞かせていただくことがあります。皆さん事情がおありとは承知しつつも、もったいない話だと思います。

　ICAO の担当者が、「PBN は、すでに熟して木になっている果実だ」とおっしゃっていました。つまり、大きな設備投資を必要とするようなプロジェクトではなく、すでにある技術を使えるようにする仕組み作りだということです。

　にもかかわらず運航者の方々が許可取得を断念される理由は、以下のようなものと考えています。

- 課題 1：　RNAV は難しい
- 課題 2：　航行許可取得が困難
- 課題 3：　操縦士訓練が大変

　本書は、上記課題を解消する一助となることを目指しています。課題 1 に対しては、RNAV と PBN を、なるべく平易にかつ詳しく説明することを心がけました。また、課題 2 に関しては、課題 1 とも関連しますが、航行許可取得の手引きとなるような内容（第 8 章）を収録しています。課題 3 に関しては、本書（特に第 I 部）が、運航者さんにおける操縦士訓練のための教材（あるいは教材作成の材料）となることを願っています。これらの観点で、課題解決に少しでもお役に立てれば幸いです。

　本書の構成は以下の通りです。

　第 I 部は、運航者、操縦士の方々に知っておいていただきたい、RNAV および PBN の基本概念を扱っています。そのうち

第 1 章では、RNAV（広域航法）に関して、その意味、歴史、便益等について説明します。また RNAV の歴史に関連して、なぜ RNAV が PBN に移行する必要があったのかについても触れます。次の第 2 章は、PBN（性能準拠型航法）に関する章です。ここでは PBN に関連する諸概念について説明します。ここでは特に、航法仕様に関する理解を深めていただきたいと思います。航法仕様は、PBN に基づく経路・方式を飛行する際に運航者および航空機に対して求められる要件であり、運航者・管制官・飛行方式設計者等の関係者間の各種運用の間の整合を図るものです。そして第 3 章では、様々な種類の RNAV を、主として航法仕様別に説明します。また一部、今後導入が期待される新しい RNAV についても紹介します。そして第 4 章では、RNAV に基づいて飛行するための航空機の測位（positioning）の原理について説明します。

　第 II 部は、航空機による RNAV 航行を支える仕組みの一端を紹介します。そのうち第 5 章では、RNAV 飛行方式の設定基準の概要を紹介します。次の第 6 章では、設定・公示された RNAV 飛行方式を航法用データベースに登録するための、コーディングルールについて説明します。第 7 章は、RNAV による航行の安全を維持するための仕組みについて説明します。そのために、RNAV におけるエラーの特徴等についても触れます。

　第 III 部は、運航者が RNAV 経路を航行するための手続き、コックピットにおける操作等に関するものです。第 8 章では、RNAV 航行許可取得の仕組みや、準備作業について触れます。実際の許可取得の手続きには非常に多くの作業が含まれ、本書でその全てを紹介することは困難です。ここではあくまで、「このようなことをするのだな」と、実際の許可取得手続きの全体イメージをつかんでいただくことをゴールとしています。そし

て最後の第9章では、まとめとして、RNAV によって実際に飛行する場合の、飛行前準備や飛行中の乗組員手順等について、実際の運航の流れに沿って整理いたします。

　なお、本書の記載内容には細心の注意を払っております。しかしながら、法令や規程類は常に改定されるものであると同時に、正確さよりも分かりやすさを優先した箇所もあります。必要に応じ、有効な法令等を参照願います。取り上げた進入・出発方式の例も、必ずしも最新のものとは限りません。

　本書の執筆にあたっては、多くの人が知りたい知識を、読みやすい形でお届けすることを目指しました。このため、多くの方々からご意見をいただく形で執筆・編集を進めました。特に、朝日航洋株式会社の専門家の方々には、実際の航行許可取得のしくみに関して、貴重なお話を聞かせていただきました。また、横田友宏キャプテンには、「パイロットは何を知っておくべきか」といった観点から様々なアドバイスをいただきました。その他、飛行方式設計・航空管制・飛行検査・航空機運航等の分野の多くの専門家・関係者・経験者各位から、貴重なコメントをいただきました。皆様のご協力に感謝いたします。最後に、いつも出版を通じた知識普及の機会を与えて下さっている鳳文書林出版販売の青木孝社長に、深く御礼申し上げます。

2013 年 1 月
（2019 年 9 月　一部加筆）
中西　善信

3訂版への序文

　2013年3月に「RNAVハンドブック」を出版してから6年以上が経ちました。その間、運航者はじめ多くの方々から、RNAV導入や社内訓練等の参考にしているとのお声をいただきました。おかげさまで今回3訂版発行にこぎつけることができましたこと、たいへんうれしく思います。

　この6年間は、RNAVにとって成熟期とよぶべき期間だったと思います。さらなる発展に向けて、ICAOにおいては、PANS-OPSやPBN Manual（Doc 9613）改正等の議論が続けられてきました。これらは主に、これまで導入してきた技術やルールを再整理し、よりきちんとした枠組みの中で一層の品質を確保しようとする取り組みだったと思われます。特に、2016年、ICAO Annex 11が改正され、飛行方式に関する国の責任がICAO標準として明文化されるとともに、これまでPANS-OPSの中で規定されていた「少なくとも5年に1回の飛行方式見直し」の規定がICAO標準に格上げされる等、飛行方式の位置付けがより明確化されました。

　このような動きの中で、RNAVはもはや特別なものではなく、「普通の運航」とよぶべき立場を得たと考えます。そしてICAOも、普通の運航としてのRNAVの一層の普及を後押しするために、Annex 6を改正し、航行許可制度のあり方について方針転換しました。この点については、第8章「RNAV航行許可取得の手引き」の末尾で概要説明したいと思います。

　その他、本3訂版は、PBN Manual（Doc 9613, 4th Edition, 2013）等、近年のICAO規程類の改正内容を反映させています。主な変更内容は用語の変更（Basic RNP1 → RNP1等）ですが、わが国の規程類もいずれ同様の改正がなされると予想されます。

　安全性向上の重要なツールである RNAV が一層普及すること、また本書がその一助となることを祈念しております。

2019 年 9 月
中西　善信

目　次

第Ⅰ部　　RNAV と PBN の概要

第 II 部 RNAV を支えるもの

第 I 部　RNAV と PBN の概要

　　円滑に RNAV・PBN を導入するためには、これらに関する正しい理解が不可欠です。第 I 部では、まず RNAV・PBN とは何であって、何を目的として導入されるものか、そしてその便益は何かといった点を説明します。そして、RNAV や PBN に関連するルール、RNAV の種類、測位の原理等に関して説明します。

第 1 章　イントロダクション

　本章ではまず、バックグラウンド的知識として、RNAV・PBN とは何であって、何を目的として導入されるものか、そしてその便益は何かといった点を説明します。あわせて、現在の PBN に至るまでの歴史的経緯についても解説します。

1.1　RNAV とは

　RNAV と聞いて最初に思い浮かべるのは、「VOR ラジアル沿いに飛ぶ必要がなく、好きなように経路を設定してどこでも飛べる」というようなものではないでしょうか。確かに、飛行方式設定基準（平成 18 年 7 月 7 日付　国空制第 111 号）においても、RNAV は「航行援助施設の覆域内若しくは自蔵航法の能力の限界内又はこれらの組合せにより、任意の飛行経路を航行する航法」と定義されています。一般的には、「任意の飛行経路を」というところがミソでしょう。これをイメージしたのが、よく見かける下のような図です（**図 1.1**）。

　補足すると、「好きなように」というのは「航行援助施設の配置にとらわれない」という意味です。これは RNAV の特徴を端的に表してはいますが、全てではありません。後述するように、施設配置にとらわれない経路というものは現在の RNAV の一面に過ぎず、その他様々なルールが定められています。本書の目的の一つも、RNAV 全般に関するそのようなルールを紹介することです。

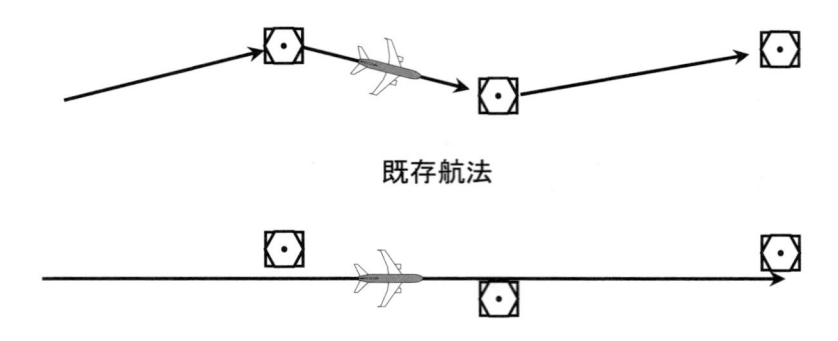

既存航法

RNAV（広域航法）

図 1.1:　既存航法と RNAV

1.2　RNAV の歴史と PBN 概念の誕生

1.2.1　RNAV の誕生、そして PBN へ

　RNAV 概念の中核ともいえる「施設配置によらない任意の経路上の飛行」という観点から見ると、RNAV は意外と古くから行われています。1980 年代にはすでに、在来型 B747 等の自蔵航法装置（INS: Inertial Navigation System）や L1011 の飛行管理システム（FMS: Flight Management System）によっても、このような任意の経路上の飛行が行われていました。

　しかし、これらは主に洋上や陸上エンルート飛行での使用であって、ターミナル（SID、STAR 等）や進入方式における RNAV の実施について議論が開始されたのは比較的近年のことです。ターミナルや進入方式においては、エンルートと比較して低高度で、障害物に比較的近いところを飛行することになります。このため、これらのフェーズにおける RNAV の実施に際しては、航法精度等の性能に関するルールがより明確化される必要

があったものと思われます。

　そのような背景のもと RTCA（注）は 2003 年に、RTCA DO236B "Minimum Aviation System Performance Standards: Required Navigation Performance for Area Navigation" が発行されました。DO236B は、RNAV に関わる航法システムの性能要件を取りまとめた民間基準であり、ここに、RNP 概念の中核要素である機上性能監視警報機能（2.4 節参照）の原型となる概念が開発されました。

　　注：　RTCA は、航空システム関連の各種標準のとりまとめ等を行う米国の民間非営利組織です。

　一方、1990 年代後半頃から、米国や欧州においては、独自の RNAV の体系が構築されてきました。欧州における B-RNAV（Basic RNAV）および P-RNAV（Precision RNAV）、そして米国のいわゆる US-RNAV です。なお歴史的には、欧州における RNAV は FMS（Flight Management System）を活用した空域・交通流最適化を指向して検討開始されたものであり、一方の米国では、GPS を使用した進入方式の設定運用が、現在の RNAV に通じる第一歩となっています。

　ICAO の PBN マニュアル（Doc 9613）は、こうして各国・地域が定めた独自ルール間の調和を図り、PBN（性能準拠型航法: 2.1 節参照）の統一的な運用を行うことを目的として 2008 年に発行されたものです。特に、FMS の位置付けの明確化と、機上性能監視警報機能のある運用すなわち RNP 航法アプリケーションと当該機能のない運用すなわち RNAV 航法アプリケーションの明確な区別徹底が、PBN 導入の主たる目的となっていました。そして、ICAO 第 36 回総会（2007 年）において、APV（垂直方向ガイダンス付進入方式）を含む PBN の導入推進が、

総会決議 A36-23 号にて決議されました。当該決議はその後、
2010 年の第 37 回総会にて一部修正され、総会決議 A37-11 号と
して現在も引き続き有効なものとなっています。

　このような形で RNAV は進化し、PBN（性能準拠型航法:
Performance Based Navigation）として形作られてきました。
PBN に関しては後ほど詳しく説明しますが、本書では以下、
単に「任意の飛行経路上の飛行」としての RNAV ではなく、
基本的に PBN を中心に説明を進めたいと思います。

1.2.2　わが国における RNAV の歴史

　わが国においては、1992 年にエンルートでの RNAV 評価運
用が開始されました（**図 1.2** 参照）。また、ターミナル空域に
関しては 1997 年に、函館空港および熊本空港において、FMS
による出発・到着方式の評価運用が開始されました（**図 1.3**
参照）。そして 2005 年には、4 空港（新千歳、函館、広島、那
覇）において RNAV 進入が運用開始されました。これらの
RNAV 進入は、一部形を変えて現在も使用されています。

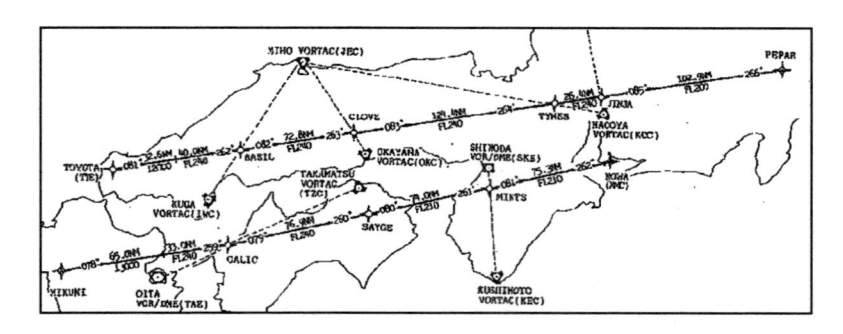

図 1.2: 初期のエンルート RNAV 評価運用経路
[平成 4 年 4 月 30 日付　クラス II ノータム Nr. 157 より]

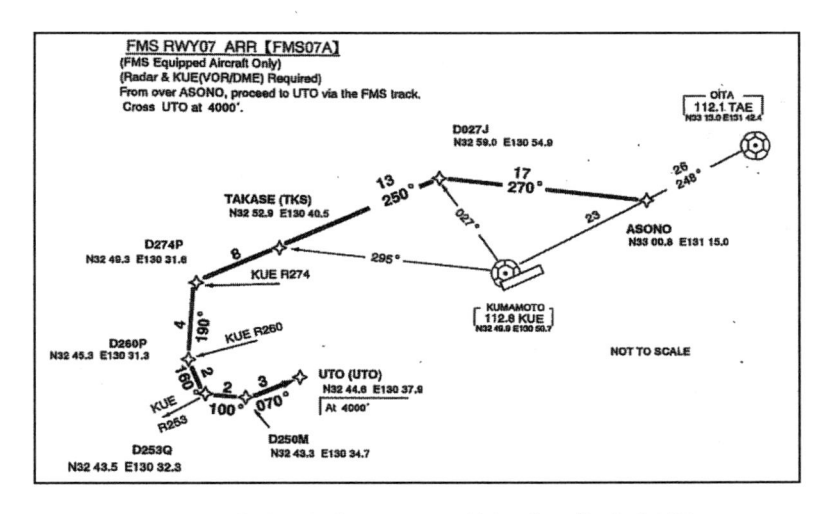

図 1.3: 評価試験用 FMS 到着経路（熊本空港）

　そして 2007 年、PBN マニュアル（正式発行前にステートレ
ターの形で各国に周知されたバージョン）に基づいた RNAV
の導入がスタートしました。このように日本は、新しい PBN
概念に基づいた RNAV をいち早く導入した国の一つです。

1.3　RNAV の便益

　そもそも、何のために RNAV や PBN を導入するのでしょう
か？
　RNAV（広域航法）の導入によって、様々な便益が得られる
と考えられます。**図 1.4** は、RNAV 導入による便益をまとめ
たものです。なお、単なる RNAV（広域航法）を導入するだけ
ではなく、PBN（性能準拠型航法）として広域航法を実施する
意図については、次章 2.1.3 項を参照願います。

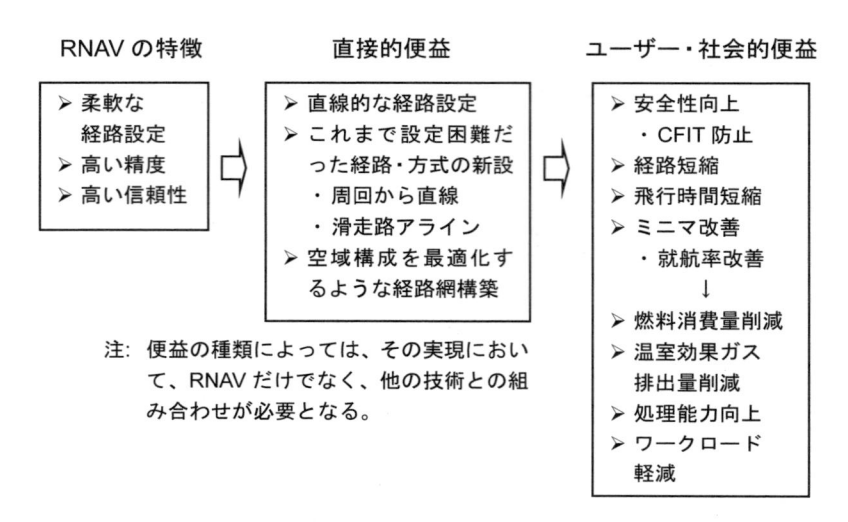

RNAV の特徴

> 柔軟な
>   経路設定
> 高い精度
> 高い信頼性

直接的便益

> 直線的な経路設定
> これまで設定困難だ
>   った経路・方式の新設
>   ・周回から直線
>   ・滑走路アライン
> 空域構成を最適化す
>   るような経路網構築

注: 便益の種類によっては、その実現におい
て、RNAV だけでなく、他の技術との組
み合わせが必要となる。

ユーザー・社会的便益

> 安全性向上
>   ・CFIT 防止
> 経路短縮
> 飛行時間短縮
> ミニマ改善
>   ・就航率改善
>   ↓
> 燃料消費量削減
> 温室効果ガス
>   排出量削減
> 処理能力向上
> ワークロード
>   軽減

図 1.4: RNAV の便益

　まず直接的には、RNAV の特徴として「柔軟な経路設定」を
挙げることができます。また、航法仕様の種類にもよりますが、
従来よりも高い精度での飛行や RNP における機上性能警報監
視機能の導入により信頼性も向上します。精度と信頼性の向上
は、保護区域や経路間隔の縮小につながることがあります。な
お、経路間隔は、航法システムだけでなく、利用可能な監視の
別（レーダー空域かノンレーダー空域か等）や通信（パイロッ
トと管制官の間での直接音声通信が利用可能か、管制通信官に
よる中継が必要か等）により異なりますので、やや事情が複雑
です。

　次に、これらの特徴により、より直線的な経路の設定や、さ
らには、これまで設定困難だった空域への経路設定が可能とな
ることがあります。その典型的な例が、周回進入しかできなか
った滑走路への進入方式の新設でしょう。また、空域構成を最

適化するような経路網の構築のツールとしても活用可能です。例えば、横田空域の削減により、東京国際空港（羽田空港）からの出発便に係る飛行経路は大幅に短縮されましたが、ここでも、RNAV があったからこそこれらのような経路が設定可能となったのです。

　これらの技術的便益により、ユーザーは、安全上および経済上の便益を享受することが可能となります。まず強調したいのは、安全性の向上です。これまで周回進入しかできなかった滑走路に計器進入方式が導入可能となることがあります。また、従来オフセットした計器進入方式しか設定できなかった滑走路に対して、滑走路中心線にアラインした計器進入方式を設定できれば、CFIT（Controlled Flight Into Terrain）防止に大きな効果をもたらすと考えられます。また、経路短縮・飛行時間短縮やミニマ改善（すなわち就航率改善）といった効果が期待できます。

　これらの便益により、最終的に、燃料消費量削減、温室効果ガス排出量削減といった社会的便益が得られるものと考えられます。また、適切な航空管制手法との組み合わせにより、状況によっては、レーダー誘導の減少等、パイロットおよび管制官のワークロード軽減も考えられます。

　さて、RNAV 導入による便益は、実際のところどの程度のものなのでしょうか？私は、RNAV の便益はもっと評価されてよいものと考えています。

　第一に、CFIT 防止等、RNAV 導入による安全性向上の便益を、十分に評価すべきです。確かに安全性向上の便益を貨幣価値によって見積もることは困難です。しかしながら、PBN 推進に係る ICAO 総会決議（A37-11）等において CFIT 防止が強くうたわれていることを鑑みれば、わが国においてももっと安全

性向上の意義が重視されるべきだと考えます。

　第二に、運航コスト削減効果をより適切に評価すべきだと考えます。確かに、経路短縮による一便あたりの運航コスト削減効果は、決して大きなものではありません。一方、RNAV 導入のコストは、飛行方式設計（設計者訓練等の費用含む）、飛行検証等のコストを考慮しても、一般のインフラ整備と比較して極めて安価なものです。飛行方式のライフサイクルを 5 年（飛行方式の見直しの最長年限）としても、その間のコスト削減効果は、十分元が取れるものであると考えます。実際、RNAV 導入以降の約 5 年間で、飛行距離に関して 20%を超える効率化を達成したとの試算もあります（ただし、この数値は、飛行距離から空港間の大圏距離を控除したものの変化を示すものです）。

　第三に、就航率改善効果を、より適切な方法で評価すべきだと考えます。「就航率」を数字（パーセント）で見た場合、その向上は非常に小さく見えるものです。一日 2 便の空港において 1 年間で 1 便救済されただけでは、就航率改善効果は 0.1%あまりです。しかしながら、欠航便が運航者や乗客に与える影響を考慮すれば、方式のライフサイクル（例えば 5 年）で数便救済されただけでも、十分元が取れるのではないでしょうか？私は、就航率改善効果は、就航率の数字の増分ではなく、救済便数によって評価すべきだと考えています。さらに、RNAV 方式導入に必要なコストが ILS のようなハード整備と比較して極めて小さいことを考慮すれば、費用対効果の大きさは一層明確なものだと考えます。

第 2 章　PBN

　「任意の経路上の飛行」との概念でスタートした RNAV ですが、現在主流となっている RNAV すなわち PBN は、この「任意の経路上の飛行」以外の要素を含みます。すなわち、航法精度やその他の要件を満足することが求められています。本章では、PBN とは何か、そして、航法仕様や機上性能監視警報機能といった重要な概念について説明します。

　また、PBN の規程体系の中核に位置する PBN マニュアルに慣れていただくためのヒントを提供したいと思います。

2.1　PBN とは

2.1.1 PBN と RNAV の関係

　ICAO PBN マニュアル（後述）によれば、PBN（性能準拠型航法：Performance Based Navigation）は「ATS 経路、計器進入方式、または指定された空域において運航する航空機の性能要件に基づく RNAV」と定義されています。文字通り解釈すれば、PBN は RNAV すなわち広域航法の一種であって、かつ、「性能要件に基づくもの」であるといえそうです（**図 2.1** 参照）。

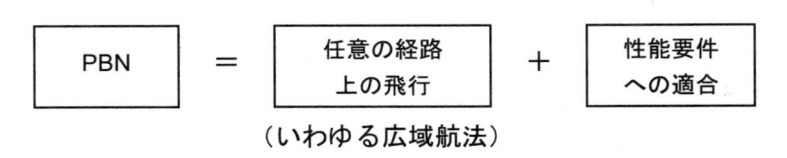

図 2.1: PBN の構成要素

ここで、ATS 経路、SID、STAR、計器進入方式等を飛行する

上で航空機および航空機乗組員に対して求められる一連の要件を、**航法仕様（Navigation Specification）** といいます。航法仕様に含まれる要件には、航法精度要件（例えば、総飛行時間の 95%における誤差が ±1NM であること等）、RNAV システムの機能要件（利用可能なパスターミネーター、表示装置等）、そして航空機乗組員訓練要件といったものがあります。また、機上性能監視警報機能の有無により、RNP 航法仕様と RNAV 航法仕様の 2 種類に大別されます（後述）。

　なお、我が国の規程類（航空法施行規則 第191条の2、飛行方式設定基準等）においては、「航法精度を指定した RNAV」のように表現されていますが、この呼称は必ずしも正確とはいえないでしょう。なぜなら、航法仕様には、航法精度に加え、その他の性能要件や機能要件等も含まれており、これらの要件も非常に重要な役割を担っているからです。

2.1.2　PBN に基づく RNAV と基づかない RNAV

　PBN 概念の導入に伴い、全ての RNAV が PBN 概念の元に整理されたかというと、そうではありません。**図 2.2** を見ながら説明したいと思います。ただし、この図の各概念は、2013 年発行の PBN マニュアル（Doc 9613）第 4 版に従っており、わが国の RNAV 航行許可基準上の名称や枠組みと一部異なります。なお、PBN マニュアル "第 4 版（4th Edition）" となっていますが、これは、Doc 9613 初版（当時は「RNP マニュアル」）の発行時から数えて 4 つめの版という意味であり、PBN マニュアルとして 4 回版を重ねたというわけではありません。

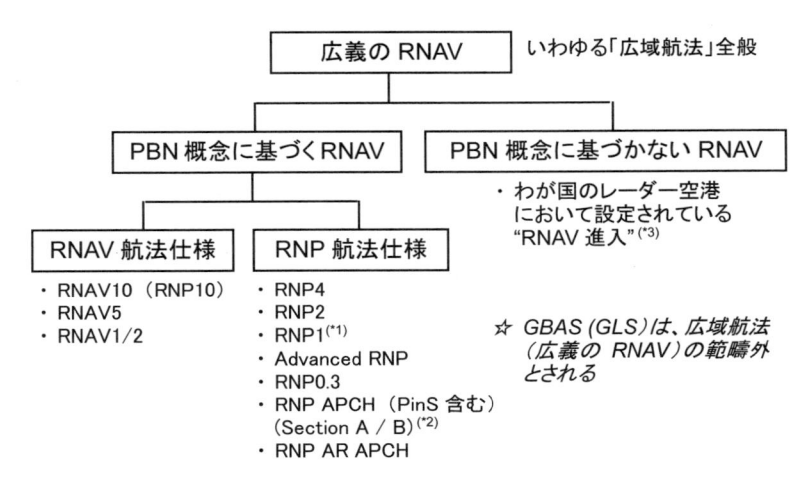

注: (*1)　わが国においては、従来の PBN マニュアルに従い、"Basic RNP1"とよばれている。
　　(*2)　現在、RNP APCH 航法仕様はさらに Section A（従前からの RNP APCH）と Section B（SBAS APV に係るもの）に分類される。また、明文化されてはいないものの、ヘリコプター Point-in-Space 進入・出発方式は、RNP APCH の航法仕様を前提とするものと含意されている。
　　(*3)　詳細については第 3 章 3.4 節を参照願います。

図 2.2: PBN と RNAV の概念間の関係

　　最上位にあるのが、「任意の経路上の飛行」という意味での RNAV すなわち広域航法です。ほとんどの RNAV は PBN 概念に基づくものですが、例外もあります。現在レーダー空港において設定されている RNAV 進入です（参考: 飛行方式設定基準第 III 部第 6 編第 3 章 3.1.1）。この種の進入方式は、PBN マニュアル制定以前に導入されたものです。いずれ RNP APCH に移行するものと考えられますが、許可取得等の手続きが異なるため、現在両者は別物として扱われています。具体的には、RNP 進入の航行許可を受けた者は RNAV 進入を飛行することができますが、RNAV 進入のための運航承認を受けただけでは RNP

進入を飛行することはできません。なお両者は方式名称（例えば、RNAV（GNSS）RWY18）の形式が同じであるため、注意が必要です（第 3 章 3.4.2 項参照）。

　地上型補強システム（GBAS: Ground-based augmentation system）を使用した進入方式、すなわち GLS（GBAS 着陸装置：GBAS landing system）進入方式は、「航行援助施設の配置にとらわれない任意の飛行経路」という点で広域航法（広義のRNAV）といってもよさそうですが、現在これは RNAV とは位置付けられていません。当初、PBN マニュアルにおいて PBN は直線的横方向性能要件（**図 2.3** a））を有するものを意図し、角度的横方向性能要件（同 b））を有する航法は、PBN の範疇外だとされていたことがその理由の一つです。しかしながら現在では、SBAS（衛星型補強システム：Satellite-based augmentation system）による APV は RNP APCH の一種と位置付けられ、「角度的横方向性能要件はすなわち PBN 外である」との整理は崩れています。

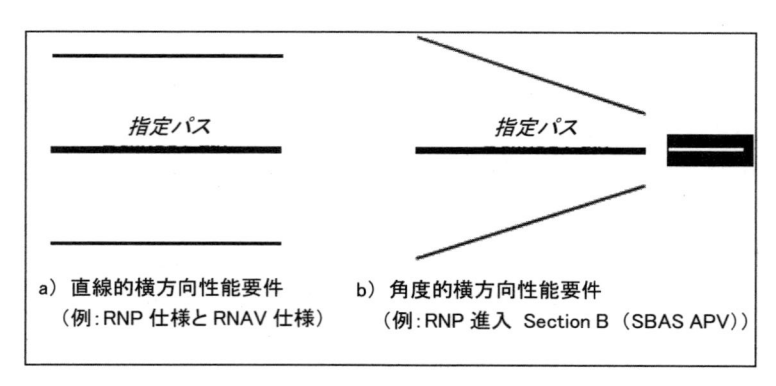

a）直線的横方向性能要件　　　b）角度的横方向性能要件
　（例：RNP 仕様と RNAV 仕様）　　（例：RNP 進入 Section B（SBAS APV））

図 2.3:　直線的横方向性能要件と角度的横方向性能要件
[PBN Manual, Vol. I, Figure I-A-1-2 より]

　PBN 概念に基づく RNAV は、RNP 航法仕様によるものと RNAV 航法仕様によるものに大別されます。前者は機上性能監視警報機能を要件として含むもの、後者はこれを含まないものです。個別の航法仕様については別途説明します。

　ここで注意していただきたいのは、「RNAV」という場合に広義の RNAV すなわち広域航法全体を意図する場合と、RNAV 航法仕様すなわち狭義の RNAV を意図する場合とがある点です。しかも、広義の RNAV と PBN も、概念として一致していません（**図 2.2** 参照）。

　このように、「RNAV」といっても、広域航法全般を指す場合と RNAV 航法仕様を指す場合があります。これはいわば「お酒」の語がアルコール飲料全般（広義の「お酒」）を指す場合と、日本酒（清酒すなわち狭義の「お酒」）を指す場合があるのと同じようなものです。これらは、文脈に応じて判断しなければなりません。

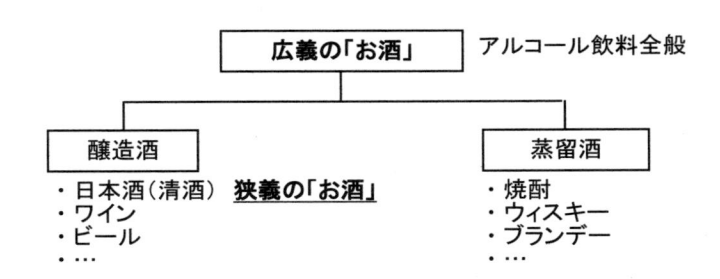

図 2.4: 広義の「お酒」と狭義の「お酒」

2.1.3 PBN 導入の目的

　RNAV（広域航法）を各国が独自に導入するのではなく、PBN マニュアル（Doc 9613）を定め、統一した航法仕様による PBN

を導入することの目的は、FMS の位置付けの制度化に加え、規格の統一によるコスト削減と混乱回避も大きな目的であるといえます。

　PBN 導入とは、航法仕様を定め、航法仕様に基づいて運航者に航行許可を付与し、また、航法仕様に基づいた飛行方式の設定基準に従って飛行方式を設定することにあります。すなわち、広域航法を実施するための世界統一規格を定めることにあります。

　もともと、FMS（Flight Management System: 飛行管理システム）が一般的に使用されるようになってから、その性能を生かすため、様々な運用が導入されるようになってきました。第 1 章 1.2 節で紹介した、わが国の初期の RNAV 経路や、その他の評価運用もこれにあたります。

　次に、1990 年代終わり頃から、欧米において、広域航法に関する規格を制定し、規格に基づいた運用を行おうという流れになってきました。そもそも RNAV（広域航法）といっても、在来型 B747 によるものと、グラスコックピット機の FMS とでは、航法精度やその他の機能性において大きな差異があるからです。その例が、欧州の Basic RNAV（B-RNAV）、Precision RNAV（P-RNAV）や、米国のいわゆる US RNAV（Type A & B）などです。

　しかしながら、規格の制定はこれらにとどまりませんでした。国によって、これらとは異なる（あるいはこれらを一部修正した）航法仕様を独自に制定しようとする動きが出てきたからです。例えばある国は、「基本的には B-RNAV だが、自国の空域での運用に対する必要性から、○○という機能要件を追加的に課すべきである」と考え、"B-RNAV+" という航法仕様を制定しようとしました。

　これで困るのは運航者と、運航者に対して航行許可を与える監督当局です。航法仕様が増えればそれだけ多くの許可を取得する必要が生じ、許可申請手続きのコストがかさみます。また、乗組員に対する追加的訓練も必要になります。何より、似て非なる運用形態が増えることは、安全上望ましくありません。

　例えば、自動車の装置に関する規格や道路交通標識が国ごとに全く異なり、外国に行く度に運転免許を取りなおさなければならないとしたら、手間とお金がかかるだけでなく、安全上も問題があるといえるでしょう。

　このようなことから ICAO において世界統一規格を定め、これを、PBN マニュアル（Doc 9613）として公開することにしたわけです。

　逆に、統一規格を設けるということは、各国における柔軟性を減じることにもなります。例えば、RNP APCH の航法仕様は非常にシンプル（機能要件が少ない）ですが、これは、ベーシックな GPS 受信機による運航までも想定し、ハードルを低く設定したことによります。一方、このような航法仕様は、高度な機能を有する FMS 機にとっては、その機能を生かし切れず、いささか損していることにもなります。この点に関しては、あくまでバランスの問題といえ、唯一絶対の答えというものはないとしかいいようがありません。

2.2　PBN マニュアルの概要

　現在の PBN 概念の根幹を定めているのが、ICAO の PBN マニュアル（Doc 9613, Performance-based Navigation Manual）です。飛行方式設定の基準である PANS-OPS（Doc 8168）Volume II が PANS（Procedures for Air Navigation Services）すなわち「航

空業務方式」であるのに、その前提となる「親」規程が、PANS より下位に位置付けられるマニュアルであるというのも少し不思議な感じがします。

　PBN マニュアルは、ICAO 加盟国が自国において PBN を導入するための指針を示すものです。一方、運航者が航行許可を取得する場合、PBN マニュアルに示される要件ではなく、PBN マニュアルに準じて各国が制定した個別の許可基準に適合しなければなりません。日本の場合これは、「RNAV 航行の許可基準及び審査要領」（平成 19 年 6 月 7 日付　国空航第 195 号・国空機第 249 号）（本書では、以下「RNAV 航行許可基準」といいます）にあたります。しかしながら PBN マニュアルには、PBN に関連する諸概念の説明が豊富に収録されており、これを手元において必要に応じ参照する価値はあると思います。

　PBN マニュアルは、全 2 巻により構成されています。第 I 巻は、パート A とパート B ならびに付録により構成されています。パート A は、PBN 概念の総説（第 1 章）、空域計画（第 2 章）および PBN 導入のための各ステークホルダー別の事項（第 3 章）を収録しています。そのうち第 3 章 3.4 節は、耐空性承認（3.4.2 項）および航行許可（3.4.3 項）を収録しており、航行許可を取得しようとする運航者にとって関連のある事項を含んでいます。パート B では、一国における PBN 導入の各ステップの概要が説明されています。また、第 I 巻の付録 1 は RNAV システムの機能の概要を、付録 2 はデータ生成からエンドユーザーによる使用に至るまでの航法データプロセスに関する説明を収録しています。

　第 II 巻（RNAV と RNP の導入）は、個別の航法仕様を定めています。そのうちパート A では、PBN 概念と航法仕様の総説（第 1 章）、機上性能監視警報機能の説明（第 2 章）、安全

性アセスメントの説明（第 3 章）といった一般的説明がなされ
ています。一方、パート B とパート C は個別の航法仕様の内
容を列記したものであり、パート B は RNAV 航法仕様すなわ
ち RNAV10（RNP10 ともいう）、RNAV5 および RNAV1/RNAV2
を、パート C は RNP 航法仕様すなわち RNP4、RNP2、RNP1
（従来の Basic RNP1）、Advanced RNP、RNP APCH、RNP AR
APCH および RNP0.3 を定めています。

　なお、第 II 巻パート C には 3 つの別添（Appendix）すなわち
別添 1（RF レグ）、別添 2（FRT: Fixed Radius Transition: エン
ルート固定半径旋回）および別添 3（到着時間管理: Time of
Arrival Control）が収録されています。これらは RNP 航法仕様
に対するオプションとして追加使用可能なものです。また第 II
巻付録（Attachment）A は、気圧垂直航法（Baro-VNAV）に関
連する要件を、同付録 B は空域概念に係る例を収録しています。

　PBN マニュアルの目次は、表 2.1 のようなものとなってい
ます。なお、各巻・パート・章のタイトルは、内容をイメージ
しやすいように意訳してあります。

表 2.1: PBN マニュアル（Doc 9613, 4th Edition）目次（概要）

第 I 巻　PBN の概念と導入手順

パート A　PBN の概念
第 1 章　　　PBN を構成する諸概念
第 2 章　　　空域概念: 空域計画（Airspace Planning）とは
第 3 章　　　各ステークホルダー別の特記事項

パート B　導入のための指針
第 1 章　　　イントロダクション
第 2~3 章　導入の各プロセス（プロセス 1 および 2）
第 I 巻付録 1　RNAV システム

　なお、個別の航法仕様を定める PBN マニュアル第 II 巻パート B およびパート C の各章は、類似の構成を持っています。つまり、一つの章に慣れれば、他の章においてもどの節にどのような内容が書かれているか想像できるようになります。例えば、パート C 第 3 章（RNP1）は、**表 2.2** のような構成を持っています。

表 2.2: PBN マニュアル第 II 巻パート C 第 3 章（RNP1）の構成

PBN マニュアル（Doc 9613）

第 II 巻　RNAV と RNP の導入（航法仕様の説明）

パート C　RNP 航法仕様

第 3 章　　RNP1

3.1　　　イントロダクション

3.1.1　　この航法仕様が開発された背景

3.1.2　　目的（どのような環境（CNS、交通量等）でこの航法
仕様が使用されるか）

3.2　　　導入のための情報（留意事項）

3.2.1　　使用される航法施設（衛星含む）

3.2.2　　使用される通信および監視サービス

3.2.3　　障害物間隔、経路間隔、管制間隔

3.2.4　　その他の留意事項

3.2.5　　飛行方式の公示

3.2.6　　管制官訓練の内容

3.2.7　　航法インフラの状況監視と不具合発生時の周知

3.2.8　　管制による航空機逸脱監視と通報

3.3　　　航法仕様

3.3.1　　背景

3.3.2　　航行許可申請のプロセス（航空機適合性、航行許可）

3.3.3　　航空機の要件

3.3.3.1　　本基準を満足すると認めうる他の基準

3.3.3.2　　機上性能監視警報

3.3.3.3　　個別の航法システムに対する基準

3.3.3.4　　機能要件（表示装置、RNAV システムの諸航法機能）

3.3.4　　乗組員手順

3.3.4.1　　耐空性承認と航行許可の関係

3.3.4.2.　　飛行前

3.3.4.3　　ABAS の利用可能性の確認

3.3.4.4　　一般的運用手順

3.3.4.5　　RNP 値選択機能を有する航空機

3.3.4.6　　RNP1 SID に固有の基準

3.3.4.7　　RNP1 STAR に固有の基準

3.3.4.8　　不測の事態における手順

3.3.5　　乗組員に必要な知識と訓練

3.3.6　　航法用データベースに関する基準

3.3.7　　運航者の監督

3.4　　　参考文献

通常、運航者を規定するのは PBN マニュアルではなく国の RNAV 航行許可基準となりますが、PBN マニュアル中に補足説明等が見つかることもあると思いますので、ぜひご活用いただければと思います。

2.3　航法仕様

2.3.1　航法仕様とは

航法仕様（Navigation Specification）とは、ATS 経路、SID、STAR、計器進入方式等を飛行する上で航空機および航空機乗組員に対して求められる一連の要件をいいます。PBN マニュアルによれば航法仕様は「定義された空域内における性能準拠型航法をサポートするために必要な航空機要件および航空機乗組員要件をセットにしたもの」と定義されています。

航法仕様は、RNAV システムにいかなる性能（精度等）が必要とされるか、また、要求性能を満足するために RNAV システムはいかなる航法機能や航法センサーを有していなければならないかを規定します。また、機体および RNAV システムから必要な性能を引き出す上で航空機乗組員に対してどのような要件を課すかといった事項を示すものです。PBN においては、航法仕様こそが全ての原点といっても過言ではありません。飛行方式設定基準や RNAV 航行許可基準も、航法仕様を前提として定められます。

なお、わが国の RNAV 航行許可基準において必要な要件は、測位センサーや精度、機能要件といった「航空機の要件」、「運用手順」、「操縦者の知識及び訓練」、「航法用データベース」等の項目毎に要件が定められており、航法仕様の語は使用されていません。

　航法仕様の多くは、RNAV5 や RNP4 のように、「RNAV または RNP の語」に数字を後置した形の名称を持っています。このうち「RNAV」と「RNP」は機上性能監視警報機能の要件の有無を示します。ここで「RNAV」で始まるものは、機上性能監視警報機能を要件として含まない航法仕様を、「RNP」で始まるものは機上性能監視警報機能を要件として含む航法仕様です（2.3.2 参照）。

　また、後置される数字は要求される航法精度を示します。例えば"RNAV5"の"5"は、航法精度が±5NM であることを示します。ここで航法精度とは、「総飛行時間の約 95% にわたって当該数値の範囲内にある」ということであり、その数値以上に逸脱することがないという絶対的なものではありません。

　ところで、RNP APCH（RNP 進入）、RNP AR APCH（RNP AR 進入方式）、Advanced RNP といった航法仕様の名称には、精度を示す数値が含まれていません。これは、セグメントによって、あるいは運航者によって異なる精度が適用されるからです。例えば RNP APCH の場合、最終進入では±0.3NM（95%）、進入復行では 1NM というようになっています。

　また重要なのは、航法精度は航法仕様の要素の一つにすぎないという点です。すなわち、航法仕様には精度以外の多数の項目が含まれます。例えば、航法システムの表示装置に係る要件等は、エンルートに適用される RNAV5 と進入方式に適用される RNP APCH とではかなりの相違があります。このため、厳しい航法精度要件が課される航法仕様に対する許可を取得済であるからといって、このことがただちに、航法精度要件がより緩やかな航法仕様を満足することを意味するわけではありません。このため例えば、RNAV1 を飛行できる航空機が RNAV10 を飛行できるとは限りません。また、ある運航者が、

ある航空機を運航し、当該型式機に対して RNAV1 を取得済み
であっても、RNAV10 航行を行いたい場合には、別途 RNAV10
に対する許可を取得しなければなりません。

2.3.2　航法仕様の種類

　航法仕様は、RNP 航法仕様（機上性能監視警報機能を要件と
して含む航法仕様）と、RNAV 航法仕様（機上性能監視警報機
能を要件として含まない航法仕様）とに大別されます。機上性
能監視警報機能については後述しますが、要は、「機上システ
ムが、自らの航法性能をモニターし、性能が十分でない、ある
いは十分だと確信できないと認識したとき、パイロットに対し
て警報を発出する機能」です。ここでは、各航法仕様について
紹介してゆきたいと思います。**表 2.3** は、ICAO PBN マニュア
ル（Doc 9613）が定める航法仕様の一覧を示したものです。

表 2.3: 航法仕様一覧

航法仕様一覧

	航法仕様(*1)	飛行フェーズ	航法精度(95%)	機上航法性能監視警報機能要件	航法センサー	航法データベース	パスターミネーター	その他の主な機能(*2)
R N A V 航 法 仕 様	RNAV10	洋上・遠隔地エンルート	10NM	なし	GNSS, INS or IRS	不要	なし	
	RNAV5	陸上エンルート	5NM	なし	GNSS, VOR/DME, DME/DME, INS or IRS	不要	なし	
	RNAV2	陸上エンルート	2NM	なし	GNSS, DME/DME, DME/DME/IRU	必要	9(*3)	
	RNAV1	ターミナル(*4)	1NM					
R N P 航 法 仕 様	RNP4	洋上・遠隔地エンルート	4NM	有	GNSS	必要	3(*5)	PO(*6), FRT(*7)
	RNP2	洋上・遠隔地・陸上エンルート	2NM	有	GNSS	必要	なし	PO(*6), FRT(*7)
	(Basic) RNP1	ターミナル(*4)	1NM	有	GNSS	必要	9(*3)	RFレグ(*8)
	Advanced RNP	全フェーズ	0.3~2NM	有	GNSS	必要	12	RFレグ(*8)
	RNP APCH	進入方式	0.3~1NM	有	GNSS	必要	3	RFレグ(*8)
	RNP AR APCH	進入方式	0.1~1NM	有	GNSS	必要	4	RFレグ(*8)
	RNP0.3	陸上エンルート・ターミナル(*4)	0.3NM	有	GNSS	必要	9(*3)	RFレグ(*8)

注: (*1) 下線を付した航法仕様は、2017年8月現在で「許可基準」の対象となっていないものを示す。
(*2) 下線を付した機能は、追加的に使用可能なもの(オプション)であって、要件ではない。
(*3) ここに示した必要パスターミネーターの数(9種類)には、代替的な操作による飛行を許容するものも含む。
(*4) ここでいう「ターミナル」とは、SID・STARに加え、進入方式のうち最終進入セグメントを除くセグメントをいう。
(*5) RNP4航法仕様に対して3種類(TF、DF、CF)のパスターミネーターが要件として課されているが、洋上を想定したRNP4においてこれらが必要か否か、疑問である。
(*6) Parallel Offset (公示経路から、指定した間隔をもって平行に飛行する機能)の略。
(*7) Fixed-Radius Transition(エンルート経路において、指定された半径をもって旋回する機能)の略。
(*8) パスターミネーターの一つ(Radius-to-Fix)。SID/STAR/IAPにおいて、指定された半径をもって規定経路上を旋回する機能。

第 2 章　PBN

　RNAV 航法仕様には以下のようなものがあります（詳細については、第 3 章参照）。なお、これらのうち RNAV 航法仕様は、レーダー覆域内での運用が原則となっています（ICAO として、レーダー覆域外での RNAV 航法仕様の適用を禁じているわけではありません）。

① **RNAV10（RNP10）**　洋上および遠隔地におけるエンルート経路用です。RNAV 航法仕様の一種であって機上性能監視警報機能を要件として含みませんが、PBN マニュアル制定以前の慣習から、運航上は RNP10 とよばれています。また、AIP においても RNP10 と記載されています。

② **RNAV5**　RNAV5 は、陸上エンルート RNAV 経路用に開発された航法仕様です。在来型 B747 等でも対応可能な、門戸の広い RNAV です。欧州において開発された Basic RNAV（B-RNAV）がその原型です。

③ **RNAV1/RNAV2**　現在、RNAV5 と並びわが国において幅広く適用されている航法仕様です。これらのうち RNAV1 は、ターミナル（SID、転移経路、STAR）および進入方式における FAF に至るまでの区間において適用されています。また RNAV2 は、航法精度以外に関して適用される要件は RNAV1 と同じですが、エンルート経路における適用が想定されています。米国のエンルート RNAV 経路（いわゆる Q ルート）は RNAV2 に基づくものです。

　一方、RNP 航法仕様には以下のようなものがあります。なお RNP 航法仕様は、機上性能監視警報機能が想定されることから、レーダー覆域外においても適用可能と位置付けられています。

もちろん、レーダー覆域内で使用してはいけないというもので
はありません。

① **RNP4**　洋上および遠隔地におけるエンルート経路用航
法仕様です。洋上における管制間隔短縮を主たる目的と
して開発されました。なお、一般に適用される管制間隔
は、同じ航法仕様であっても利用可能な通信・監視施設
の種類によって異なります。

② **RNP2**　陸上エンルート経路用航法仕様ですが、RNAV5
や RNAV2 よりもより高性能な航法が可能となります。

③ **RNP1**　ターミナル方式用の RNP 航法仕様です。従来
Basic RNP1 とよばれていたものであり、ターミナル（SID、
転移経路、STAR）および進入方式における FAF に至る
までの区間において適用されています。航法センサーが
GNSS に限定されていること、機上性能監視警報機能を
有していること以外、基本的にその要件は RNAV1/2 と
非常に類似しています。

④ **Advanced RNP**　エンルート、ターミナル（SID、転移経
路、STAR）および進入方式といった全ての飛行フェーズ
に適用可能な航法仕様です。現在、飛行フェーズ毎に適
用可能な航法仕様が異なっているため、運航者は複数の
航法仕様に対する許可を取得せねばならず、事務手続き
や乗組員訓練の負担が無視できませんでした。今後は全
ての飛行フェーズに共通の航法仕様として Advanced
RNP を適用することにより、この負担が軽減されるもの
と期待されています。高性能な航法システムの特性を最
大限に活用するという発想から、要件は高めに設定され

ています。例えば、RNAV 待機機能等、付加的な機能要件が追加されています。精度要件は、事情にあわせて 0.3NM から 1.0NM（95%）の範囲で選択が可能です。

⑤　**RNP0.3**　ヘリコプター用航法仕様であり、最終進入以外の全飛行フェーズに適用可能です。

⑥　**RNP APCH**　進入方式のためのベーシックな航法仕様です。現在、PBN マニュアルにおいて RNP APCH 航法仕様はさらに Section A（従前からの RNP APCH）と Section B（SBAS APV（LPV）や LP に係るもの）に分類されています。また、明文化されてはいないものの、ヘリコプター Point-in-Space 進入・出発方式は、RNP APCH の航法仕様を前提とするものと含意されています。

⑦　**RNP AR APCH**　進入方式のための航法仕様ですが、最終進入において、0.3NM（95%）未満の高い精度を活用することができます。これにより、障害物の回避が可能となり、これまで進入方式が設定できなかったような滑走路への進入方式設定が可能となる等、安全性向上や就航率改善に寄与するものと考えられます。

　なお、ICAO では、PBN は将来的に RNAV 航法仕様から RNP 航法仕様へ移行してゆくものと想定しています（例えば、PBN マニュアル Executive Summary, Transition Stage の項参照）。つまり、RNAV 航法仕様による RNAV5 や RNAV1 は、RNP2 や RNP1 あるいは Advanced RNP といった RNP 航法仕様による運航への過渡期のためのものと位置付けられています。このような背景や、昨今の PBN マニュアルの改訂動向等を考慮すると、

今後 PBN は、**図 2.5** の矢印で示されるような方向に移行してゆくものと思われます。移行の傾向をまとめると以下のとおりです。まず、繰り返しになりますが、RNAV 航法仕様（図中「〇」にて示す）から RNP 仕様（同「☆」）への移行です。次に、より高精度な仕様への移行です。すなわち図中では、左から右へと移動することになります。例えば陸上エンルートであれば、RNAV の 5NM（95%）から、RNP2（あるいは RNAV2）の 2NM（同）へ移行するものと考えられます。そして、より高機能な仕様への移行、すなわち図中下から上への移動です。究極的には、全てのフェーズの航法仕様は、Advanced RNP に統一されるかもしれません。

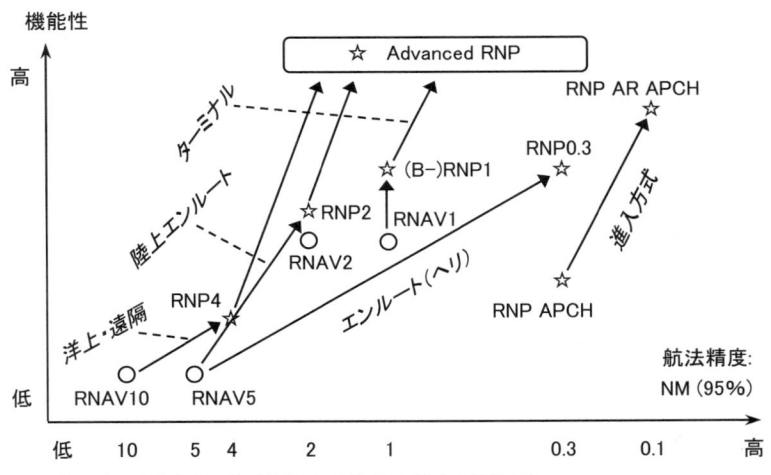

注: (1) 〇は RNAV 航法仕様を、☆は RNP 航法仕様を示す。
　　(2) 横軸（航法精度）は、95%誤差の対数にて間隔を設定している。
　　(3) 縦軸（機能性）の間隔は、機能の相違をイメージ的に示したものであり、
　　　　必ずしも厳密なものではない。

図 2.5: 今後の PBN 進化の方向性 （イメージ）

2.4　機上性能監視警報機能

　機上性能監視警報機能とは、「機上システムが、自らの航法性能をモニターし、性能が十分でない、あるいは十分だと確信できないと認識したとき、パイロットに対して警報を発出する機能」です。この機能の有無によって、RNP 航法仕様と RNAV 航法仕様が区別されるわけで、PBN を理解する上で非常に重要なものです。

　機上性能監視警報機能は、航法精度、言い換えると誤差の大きさ（が存在する範囲）を監視するわけです。そこで、本題である監視機能について説明する前に、航法の誤差にどのようなものがあるかについて先に触れておきたいと思います。

2.4.1　誤差の推定について

　航法誤差は、簡単にいうと、所望の経路（Desired Path）から、実際の位置（True Position）がどの程度ずれているかを示すものです。なお、ある瞬間における誤差は一定の値をとりますが、これを推定する上では、「95%の確率でこの値未満である」というように、確率（信頼度 Confidence Level ともいう）とセットで定義されます。

　PBN においては、このような確率として 95%が使用されます。95%は、誤差の分布を正規分布（Normal Distribution ； ガウス分布（Gaussian Distribution）ともいう）とみなした場合に、誤差が標準偏差の 2 倍の範囲に包含される確率（もう少し厳密には約 95.4%）に近いということで、よく利用されています。航法仕様において RNP1 というような場合には、精度要件として、総飛行時間の 95%において、航空機は中心線から左右 1NM（±1NM）の範囲内にいることが要求されるということです。いい換えると、総飛行時間の 5%は、その範囲外にいることもある

ということです。この±1NM という値は絶対的な限界ではなく、あくまで精度を示す指標に過ぎません。このため、方式設計上では、この値ではなく、1.5 倍した上でバッファーを加えたものを区域幅としています（RNP AR 進入を除く）。

　ちなみに、統計的なところを補足しておくと、標準偏差（Standard Deviation）とは、誤差等、確率をもって変化する値の、平均値からの平均的なズレの値（厳密には平均ではありませんが）をいいます。多くの場合、標準偏差はギリシャ文字のσ（シグマ）で表されます。また、航空航法等での誤差は正規分布で近似されることが多いですが、これはあくまで近似であって、正規分布に従うことが証明されているわけではありません。

　なお、PBN の航法精度については、95%すなわち 2σ（標準偏差の 2 倍）が確率の指標として使用されますが、場面が変わると他の値も使用されます。例えば同じ航空の世界でも、Annex 15（航空情報）にある地形・障害物データの精度要件は、90%に対応するものとしての精度要件が規定されています（Appendix 8）。

2.4.2　誤差の種類とマネジメント

　航法誤差は、複数の要素に分解が可能です。PBN マニュアルは、航法誤差の構成を、**図 2.6** のとおり説明しています。

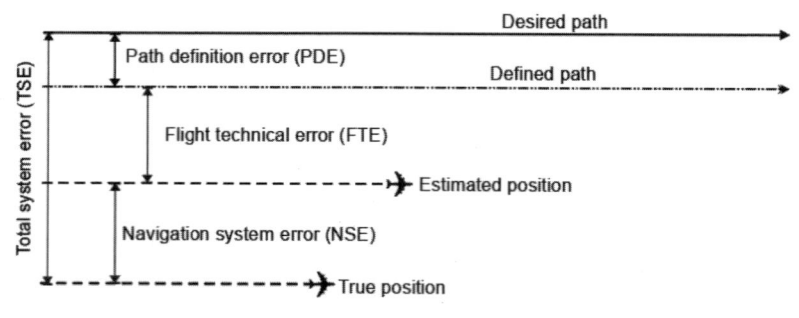

図 2.6: PBN における横方向誤差の構成
[PBN Manual, Figure II-A-2-1 より]

各構成要素は以下のとおりです。

① **Path Definition Error（PDE: パス定義誤差）**

　　パス定義誤差は、所望の経路（Desired Track）と、RNAV システムによって定義された経路（Defined Track）（例えば NavDB に登録された経路）との間の誤差です。その大きさは、ウェイポイント座標（Lat/Long）の Resolution、RNAV システムの計算ロジック等に依存します。他の誤差要素と比較すると非常に小さく、誤差を議論する上で、ゼロとみなされることが多いです。

② **Flight Technical Error（FTE: 飛行技術誤差）**

　　RNAV システムが定義した経路（Defined Track）をパイロットが飛行する際の誤差であり、図では、Defined Track と自機推定位置（Estimated Position）の差異となります。その大きさは、飛行制御システムすなわちフライトディレクター（FD）やオートパイロット（AP）の使用、コース偏位指示器（CDI）感度等に依存します。また、その CDI 表示スケールは飛行フェーズ等に依存するため、

飛行フェーズによっても異なります。

③　Navigation System Error（NSE: 航法システム誤差）

　航法システムによる測位誤差、すなわち推定位置（Estimated Position）と実位置（True Position）の差異を意味します。航法システム誤差は、使用される航法システム（DME/DME、GNSS 等）の信号にも依存します。なお、航法システムが知ることができるのはあくまでEstimated Position であり、厳密には True Position は知ることができません。

④　Total System Error（TSE: 全システム誤差）

　全システム誤差（Total System Error）は、上記①〜③の誤差全体を意味します。TSE およびその要素を確率変数とみた場合、各要素は独立であるため、TSE は各要素の RSS（二乗和平方根）によって示されます。これを数式で表すと以下のとおりとなります。

$$TSE = \sqrt{PDE^2 + FTE^2 + NSE^2}$$

なお一般にこれらの大小関係は以下のようになります。

$$FTE > NSE > PDE$$

　これらのうち PDE は基本的に無視可能な大きさであり、NSEも FTE と比較するとかなり小さいものです。このため、TSEの大きさに最も影響を与えるのは、FTE になります。GPS のような高性能な測位システムを持っていてもなお保護区域がVOR と比較して決して小さくならないのは、RNAV による測位において、NAVAID やセンサーの種類によらない FTE が大

きな影響を及ぼしているからです。

2.4.3　機上性能監視警報機能

　RNP 航法仕様と RNAV 航法仕様を区分する基準は、機上性能監視警報機能（on-board performance monitoring and alerting function）を要件として含むか否かの違いでした。すなわち、当該機能を要件として含むものを RNP 航法仕様、含まないものを RNAV 航法仕様として区別しました。本項では、この機上性能監視警報機能について説明したいと思います。

　簡単にいうと機上性能監視警報機能とは、「機上システムが、自らの航法性能をモニターし、性能が十分でない、あるいは十分だと確信できないと認識したとき、パイロットに対して警報を発出する機能」です。具体的には、以下のいずれかの状態になったときに、警報を発せられます（RNAV 航行許可基準 附属書 5, 2.2.2 項参照）。

① 精度要件を満足しなくなった場合
　すなわち、総飛行時間の 95%において中心線から左右 RNP 分の距離内にいるという確信が得られなくなった場合

② 横方向のトータル・システム・エラー（TSE）が精度要件の 2 倍（2×RNP 値）を超える可能性が、10^{-5}／時（注）を超える場合

注：　RNAV 航行許可基準（例えば附属書 5, 2.2.2）に示される値は「10^{-5}／時」であり、すなわちこれは頻度（1/h）を示すものである。一方、PBN Manual には「毎時」の記述がなく、確率「10^{-5}」（単位なしの無名数）が示されている（Vol. II, Part A, Chapter 2, 2.3.10.1 b)）。両者は本来異なる量を示すものである。

　よく、機上性能監視警報機能について、「中心線から 2×RNP
以上逸脱したら警報を発する機能」と認識されていることがあ
りますが、厳密にはこれは誤りです。例えば、自転車で細いレー
ン内を走行する場合に、「レーンからはみ出た」ことを警告
するのではなく、「これ以上レーン内を走り続ける自信がない」
こと、例えば目のかすみ（NSE）や腕のしびれ・ハンドルのガ
タ（FTE）を警告するシステムだと思って下さい。なお「逸脱
したら警報」と決定論的に判断するためには、真の自機位置を
知り、これと Desired Path との距離を計算することが必要にな
ります。しかしながら、真の位置を知ることは決してできませ
ん。機上システムができるのは「○○%の確率で、中心線から
△△NM の範囲にいるだろう」というような推定に過ぎないの
です。

　TSE 監視には、以下の二通りの方法があります。

①　乗組員による FTE 監視と、システムによる NSE 監視　の組み合わせによる方法（PDE は無視）

　現在運航されている機材の多くは、このパターンによ
り機上性能監視警報要件を満足するものとなっています。
　RNAV 航行許可基準に定められた乗組員手順に従い、
パイロットは、ND（Navigation Display: マップ・ディス
プレイ）等の目視により、FTE < 1/2×RNP（最終進入に
おいては 0.25NM）の確認を行っています。また機上シ
ステムは、NSE < 1×RNP となっていることをモニター
しています。これらの組み合わせにより結果的に、
NSE+FTE < 1.5×RNP が維持されていることになります。
これは、要件である「TSE < 2×RNP の確認」よりも安全

サイドとなります。

　ここで FTE とは、RNAV システムが計算した経路（Defined Route）からの、自機推定位置（Estimated Position）の逸脱距離です（上記 2.4.2 ②参照）。乗組員手順においては、FTE ではなくクロス・トラック・エラー（XTRK Error）と表現されることが一般的です。

　また、NSE（Navigation System Error）とは、航法システムによる測位誤差、すなわち推定位置（Estimated Position）と実位置（True Position）の差異です（2.4.2 ③参照）。機材によっては、表示装置上、ANP（Actual Navigation Performance）として表示されることがあります。

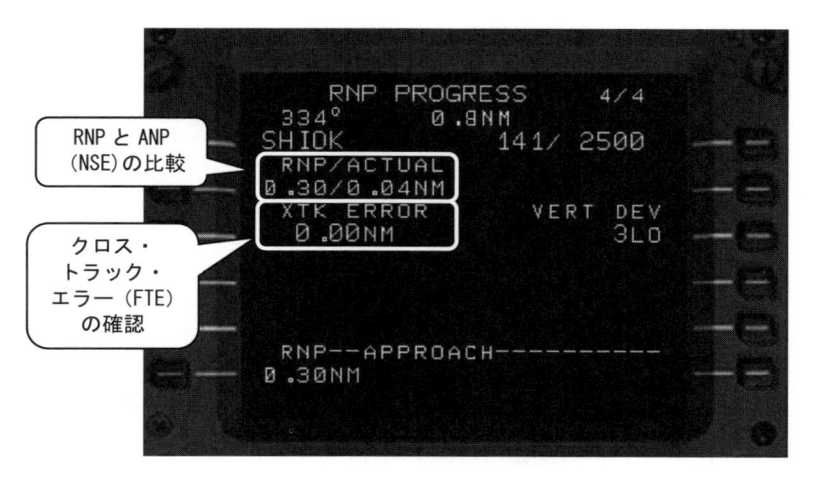

図 2.7:　CDU 上での NSE と FTE の確認の例

②　RNP システムによる TSE 全体の監視

　機種によっては、FTE を含む TSE 全体を監視することが可能です。

　ただし、機器要件中には TSE のリアルタイム連続表示は含まれておらず、あくまで限界超過時の**警報発出**が求められているのみです。

第3章 RNAV のいろいろ

本章では、様々な RNAV の特徴を、主として航法仕様別に紹介したいと思います。似たようで異なる概念や、まぎらわしい名称、規程によって異なる概念に同じ名称が割り当てられているケース等がありますので、注意して読み進んで下さい。

また、わが国においてまだ導入されていない航法仕様や、PBN の枠組み外の RNAV についても触れたいと思います。

3.1 陸上エンルート RNAV: RNAV5

3.1.1 概要

表 3.1 は、RNAV5 航法仕様の概要をまとめたものです。

表 3.1: RNAV5 航法仕様の概要

用途	陸上エンルート用
航法精度（95%）	5NM
機上性能監視警報機能	不要
航法センサー	GNSS, VOR/DME, DME/DME, INS or IRS
航法用データベース	不要
パスターミネーター	不要

RNAV5 は、陸上エンルート RNAV 経路用に開発された航法仕様です。"5"の数字は、精度要件を示すものです。すなわち RNAV5 においては、「全飛行時間の 95%における横方向の航法誤差が±"5"NM 以内となる航法精度」を満足することが要求されます。

RNAV5 航法仕様は、機能要件が緩い、言い換えると非常に

門戸の広い仕様となっています。いわゆる FMS が搭載されていなくても、INS による「任意の経路上の飛行」が可能であれば、多くの場合に適合可能です。このため、INS を搭載した在来型 B747（FMS 非装備）も、一般には RNAV5 経路の飛行は可能です。

　RNAV5 航法仕様に基づくエンルート RNAV 経路は、わが国において広く展開されています。RNAV5 経路としての公示は 2007 年に開始され、2019 年 9 月時点ですでに 265 本の RNAV5 経路が公示・運用されています。

3.1.2　公示

　RNAV5 経路は、AIP の ENR 3.3 項「RNAV 経路」に公示されています。次図は、AIP における公示例として RNAV 経路 Y101 を抽出したものです。パイロットの方々は、通常、Jeppesen 社等が発行したエンルートチャートを使用され、オリジナルの AIP を参照されることは少ないかと思いますが、Jeppesen チャートに収録されている情報も、その出典は AIP になります。

　基本的な情報は、既存航法による航空路の公示内容と類似していますが、ここでは特徴的な内容について紹介したいと思います。**図** 3.1 は、AIP における RNAV5 ルートの公示例を示したものです。

① Route designator (Navigation specification) Name of significant points Coordinates [Available SENSOR]	Way-point IDENT of VOR/DME BRG & DIST	MAG TRACK [TRUE TRACK]	Geodetic DIST	Upper limits Lower limits Airspace classification	MEA [MOCA] (FT or FL)	Direction of cruising level		② Critical DME	③ DMEGAP	Remarks Controlling unit Frequency
						Odd	Even			
1	2	3	4	5	6	7		8	9	10
Y101										
① (RNAV5) [VOR/DME, DME/DME, INS or IRS, GNSS]								②	③	
▲ EATAK 430406N 1432938E	OBE 039°/23.4NM KSE 283°/31.3NM	255 [246.1]	74.4	UNL ------	9000 [9000]		↓	KSE<EATAK/ 59.5nm to MKE> OBE<54.5nm to MKE/39.5nm to MKE> SPE<29.5nm to MKE/14.5nm to MKE> MKE<9.6nm to MKE/4.6nm to MKE>	4.6nm to MKE/MKE, INS or IRS or GNSS or VOR/DME required.	Sapporo ACC (at or below FL200) Freq:128.325(134.25) 246.1(260.4) MHZ Sapporo AOC (above FL200) Freq:127.5(134.25) 255.2(260.4) MHZ Sapporo ACC Freq:132.6(134.25) 255.2(260.4) MHZ
MUKAWA(MKE) 423318N 1415720E	CHE 135°/14.7NM	202 [192.9]	39.2	UNL ------	FL150 [3000]		↓	MRE<MKE/ 38.2nm to TOBBY>		
TOBBY 415507N 1414536E	CHE 185°/47.0NM MKE 202°/39.2NM									

図 3.1: RNAV5 経路の公示
[AIP ENR 3.3 項より]

①　経路名称・航法仕様・航法センサー

　　この列には、RNAV 経路の名称（この例では"Y101"）、
航法仕様（同"RNAV5"）および利用可能航法センサー
（同"VOR/DME、DME/DME、INS または IRS、GNSS)
が記載されています。

　　ある航法仕様について、利用可能な航法センサーの組
み合わせは常に同一です。ただし RNAV5 経路"Z119"
は、災害対策用ヘリコプター専用経路として公示され、
この目的のために VOR や DME が受信できないような低
い MEA が設定されています。このため、本ルートの飛行
において INS、IRS または MSAS が必要とされています。

② クリティカル DME

クリティカル DME とは、「停波すると、特定の経路において DME/DME による位置アップデートに支障を生じさせるような DME」のことです。

クリティカル DME が存在する場合、当該 DME の略号と、これがクリティカルとなる区間（停波した場合に DME による位置アップデートできなくなる可能性がある区間）が示されます。Y101 の場合、以下の区間にクリティカル DME が存在することが示されています。

表 3.2: RNAV 経路 Y101 のクリティカル DME

クリティカル DME	左の DME がクリティカル DME となる区間
KSE	EATAK ～ MKE 手前 59.5NM 地点
OBE	MKE 手前 54.5NM 地点 ～ MKE 手前 39.5NM 地点
SPE	MKE 手前 29.5NM 地点 ～ MKE 手前 14.5NM 地点
MKE	MKE 手前 9.6NM 地点 ～ MKE 手前 4.6NM 地点

これらの区間においてクリティカル DME が停波すると、DME/DME による位置アップデートができなくなる可能性があります。

③ DME 間隙

DME 間隙すなわち DME/DME による位置アップデートができなくなる可能性のある区間が示されます。この例では、「MKE の手前 4.6NM の地点から MKE まで」が、DME 間隙です。

また、その区間において、INS、IRS、GNSS または VOR/DME による位置アップデートを行う必要があり、その旨が記載されます。ただし、VOR/DME 位置アップ

デートに使用する VOR/DME は、航空機から 75NM 以内になければなりません。

　図 3.2 は、飛行検査結果をもとに Y101 の DME 間隙とクリティカル DME を図示したものです。

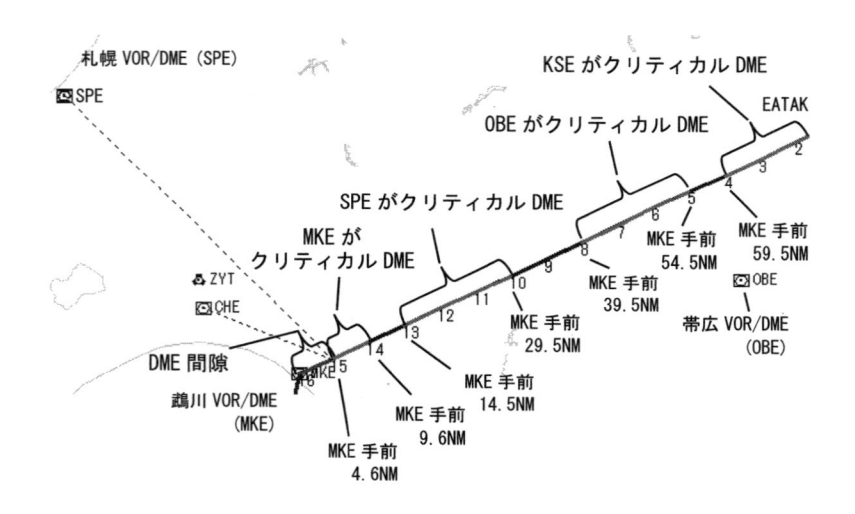

図 3.2: RNAV 経路 Y101 のクリティカル DME と DME 間隙

3.2　洋上 RNAV: RNAV10 と RNP4

3.2.1　概説

　本節では、洋上経路において適用されている RNP10 と RNP4 について説明します。表 3.3 は、RNAV10 および RNP4 航法仕様の概要をまとめたものです。

表 3.3: RNAV10 および RNP4 航法仕様の概要

	RNAV10（RNP10）	RNP4
用途	洋上エンルート	
航法精度（95%）	10NM	4NM
機上性能監視警報機能	不要	必要
航法センサー	GNSS, INS or IRS	GNSS
航法用データベース	不要	必要
パスターミネーター	不要	必要(*1)
主な機能要件	（省略）	パラレル・オフセット(*2) フライバイ・トランジション(*3)
乗組員手順	クロストラックエラー・デビエーションの監視要件なし	クロストラックエラー・デビエーションの監視が、手順として定められている

注: (*1)　RNP4 航法仕様に対して 3 種類（TF、DF、CF）のパスターミネーターが
要件として課されているが、洋上を想定した RNP4 においてこれらが必
要か否か、疑問である。
　(*2)　本来の経路と平行のトラックを、選択されたオフセット距離を維持しつ
つ飛行する機能
　(*3)　経路を構成するウェイポイントの内側を内接するようパスを生成し、こ
れを飛行する機能

　RNAV5 の場合と同様、これらの航法仕様名に含まれる「10」
と「4」の数字は航法精度を示す数字で、それぞれ、「全飛行
時間の 95%における横方向の航法誤差が±10NM 以内となる航
法精度」、「同±4NM 以内となる航法精度」を示しています。
　なお、RNAV10 は、RNAV 航法仕様の一種であって機上性能
監視警報機能を要件として含みません。しかしながら、PBN マ
ニュアル制定以前に導入された概念であり、PBN マニュアルに
おいて RNP 航法仕様の語が定義される前から、「RNP10」の
名称が使用されていました。このため現在なお、運航上は
RNP10 とよばれ、AIP においても RNP10 と記載されています。

本節中、以下では公示および管制間隔についての説明を中心に議論するため、航空保安業務処理規程　第 5 管制業務処理規程（管制方式基準）に従って RNP10 と記載し、必要に応じて（RNAV10）とカッコ書きすることとします。

3.2.2　RNP10 と RNP4 の適用

　先に説明した RNAV5 経路はすでに数多く公示されていますが、これと異なり、RNP10（RNAV10）用経路として公示されている RNAV 経路は、N884（LEBIX〜ALBAX 間）だけです（2019 年 9 月現在）。

　むしろ RNP10 や RNP4 は、これらを指定した RNAV 経路を設定するというよりも、PACOTS（Pacific Organized Track System）や UPR（User Preferred Route）等の可変経路において、より狭い管制間隔を適用するための手段としての意味合いが強いといえます。これらの航法仕様が、NAVAID や VHF 無線通信の使用できない洋上および遠隔地を想定して開発されたものだということを思い出せば、自然なことといえるでしょう。

　表 3.4 は、洋上飛行において RNP10 許可機と RNP4 許可機の間に適用される管制間隔（縦間隔および横間隔）を比較したものです。

　ただし、比較の条件をそろえるため、いずれも ADS（Automatic Dependent Surveillance: 自動従属監視）および CPDLC（Controller-Pilot Data Link Communication: 管制官パイロット間データ通信）を使用する環境下にあると想定しています。

表 3.4: RNP10（RNAV10）と RNP4 の管制間隔の比較
[ADS/CPDLC 適用環境下]

	RNP10（RNAV10）	RNP4
縦間隔	50NM (*1) （ADS 周期報告 27 分以内）	50NM （ADS 周期報告 32 分以内） 30NM （同 16 分以内）
横間隔	50NM (*1) (*2)	30NM (*2)

注: (*1)RNP10 許可機相互間に加え、RNAV10 許可機と RNP4 許可機との間の間隔
　　も同じ。

　　(*2)経路の中心線の間隔が 30NM/50NM 以上ある場合に横間隔が設定されたと
　　みなされる。

　適用される管制間隔の相違は、基本的には両者の性能の差、すなわち**表 3.3** に示されるような航法仕様の相違に起因するものです。**表 3.3** に示されるとおり、RNP4 においては、より精密な飛行を可能とし、また、逸脱を防止するような機能と乗組員手順が求められています。

　なお、飛行方式設定において適用される「保護区域」は、主として障害物間隔の確保を目的とするものです。このため、洋上における管制間隔の手段と位置付けられるべき RNP10 や RNP4 の保護区域は、飛行方式設定基準、ICAO PANS-OPS いずれにおいても規定されていません。

3.3　ターミナル RNAV: RNAV1 と RNP1

3.3.1　概要

　RNAV1 と RNP1（従来の Basic RNP1 と同じ）は、ともにターミナル空域における RNAV 経路用に開発された航法仕様です。「1」の数字は、精度要件を示すものです。すなわちこれらの航法仕様に基づき設定された経路上の飛行においては、「全飛行時間の 95%における横方向の航法誤差が±1NM 以内

となる航法精度」を満足することが要求されます。

　同様に RNAV2 の場合は、「全飛行時間の 95%における横方向の航法誤差が±2NM 以内となる航法精度」が求められます。なお RNAV1 と RNAV2 の仕様は航法精度を除いて同一です。

3.3.2　RNAV1 の由来

　RNAV1 航法仕様は、元々、欧州の Precision RNAV（P-RNAV）や、米国のいわゆる US RNAV（Type B）をベースとし、これらを共通化する形で開発されたものです。P-RNAV と US RNAV は仕様の大部分が共通化され、RNAV1 もこれらに準じる形で仕様が開発されています。しかしながら、機能要件等に関しては一部異なっている箇所があります。このため、P-RNAV に係る航行許可を取得していても、RNAV1 に基づき設定された経路を飛行するためには、別途 RNAV1 航行の許可を取得する必要があります。

　RNAV1 の精度要件や機能要件は、P-RNAV と US RNAV の仕様が開発された 2000 年代初頭時点に就航している FMS を想定しています。このため、現在の大部分の FMS 機が対応可能なものとなっています。

3.3.3　RNAV1 航法仕様と RNP1 航法仕様の比較

　一方、RNP1 航法仕様は、当時の一般的な IFR 用 GNSS 受信機（米国 TSO C129a 適合システム）を搭載し、かつ RNAV1 の要件を満足するような航空機を想定して開発されたものです。このため、RNAV1 と RNP1 の航法仕様は、大部分において共通となっています。

　両者の航法仕様の主な相違を比較したのが**表 3.5** です。

表 3.5: RNAV1 および RNP1 航法仕様等の概要

	RNAV1	RNP1
用途	ターミナル経路（SID、STAR、初期・中間進入）	
航法精度（95%）	1NM （RNAV2 としては 2NM）	1NM
機上性能監視警報機能	要件なし（不要）	要件あり（必要）
航法センサー	a) DME/DME (*1) b) DME/DME/IRU c) GNSS	GNSS
航法用データベース	必要	
パスターミネーター	必要（9 種類）	
主な機能要件	共通（機上性能監視警報機能以外）	
区域半幅	・ARP から 30NM 以遠： 　5.00NM ・ARP から 15〜30NM： 　2.50NM ・ARP から 15NM 以内： 　2.00NM(*2)	・ARP から 30NM 以遠： 　3.50NM ・ARP から 15〜30NM： 　2.50NM ・ARP から 15NM 以内： 　2.00NM(*2)
対象空域	ノミナル経路がレーダー覆域内となるよう設定(*3)	レーダー覆域内外にかかわらず設定可能

注: (*1) わが国の RNAV1 方式は、DME/DME/IRU 機および GNSS 機を想定して設
定されています（飛行方式設定基準 第 III 部第 6 編第 1 章 1.1.4 参照）。
つまり、IRU や GNSS 受信機のない DME/DME 機は RNAV1 方式を飛行す
ることができません。この点は、チャートにも注記されています。図 3.3
の公示例も参照願います。IRU や GNSS 受信機のない DME/DME 機を認め
ない理由は、SID における離陸直後等の DME 間隙への対応が主たる理由
です。

(*2) SID および進入復行にのみ適用される値。STAR や初期・中間進入の場合
は、RNAV1、RNP1 とも 2.50NM。

(*3) SID の場合、離陸後最初の旋回を開始するまでにレーダー捕捉可能なレー
ダー環境下にあることが求められます。

　両者の最大の相違は、機上性能監視警報機能に関する要件の
有無です。当初 ICAO は、RNAV1 に機上性能監視警報機能を

付加したものが RNP1 であると理解し、RAIM 機能を有する GPS（例えば TSO C129a、C196a）を搭載した RNAV1 適合機は、RNP1 に適合すると想定しています。しかしながら、必ずしもそうではないとの主張もありますので、RNP1 許可申請にあたっては、航空機製造者からの情報に注意して、保有機材の適合性の把握に努めて下さい。

　また、機上性能監視警報機能要件と関連して、RNP1 は航法センサーを GNSS に限定しています。なお、RNP1 の方が RNAV1 より高性能なのですから、飛行方式設計において RNP1 の方が RNAV1 よりもより狭い保護区域が適用されてもよさそうですが、ARP（飛行場標点）から 30NM 以内の範囲においては、両者の区域半幅は同一です。

3.3.4　レーダー覆域との関係

　現在わが国において RNAV1 経路は、レーダー覆域内に設定することとなっています（飛行方式設定基準　第 III 部第 6 編第 1 章　1.3.1）。低高度からの開始が必要となる SID に関しても、離陸直後の最初の旋回までにレーダーによって捕捉される必要があります。このため、レーダーサイトが当該空港内にあることが基本的には必要ということになります。

　逆に、レーダー覆域外となるような場合にあっては、RNAV1 ではなく RNP1 によって SID や STAR を公示することとなっています。

　PBN マニュアル（Volume II, Part C, Chapter 3, 3.1.1）は、「RNP1 航法仕様は、（レーダー等による）ATS 監視が利用できないかあるいは非常に限定的であり、かつ、交通量が低〜中程度である環境を想定して開発された」と述べています。しかしながらこれは、「レーダー等がない場合には RNAV1 は困難であり、

むしろ RNP1 が適用される」という意味であり、「レーダー環境においては RNP1 ではなく RNAV1 を適用すべきである」という意味ではありません。また同様に、PBN マニュアルにおける「交通量が低〜中程度である環境を想定して」という記述も、「監視がないまたは限定的という環境においては通常、交通量は低〜中程度」という関係を示したものであって、交通量の多い空域において RNP1 を適用してはならないと述べるものではありません。ICAO の方針はあくまで、「RNAV はすべからく RNP に移行するものである」というものです。現に、香港国際空港（VHHH）においては、RNP1 による SID/STAR が設定されています。

3.3.5 公示

本項では、実際の公示例に基づき、RNAV1 に基づく SID のチャート上の公示情報について説明します。STAR の場合も公示方法は SID とほぼ共通ですので、本項の説明を通じて、RNAV1 STAR の公示の内容もご理解いただけるものと思われます。本項で説明しなかった事項については、AIP に示される凡例を参照願います（ただし、SID/STAR のチャートに関する説明は非常に限定的です）。

RNAV SID および STAR の公示は、(1) チャート、(2) 文言記述、および、(3) 記述表 の 3 通りで行われます。この三者間で矛盾があってはなりません。矛盾が生じている場合は、どこかにエラーが存在するはずです。

さて、**図 3.3** は、仙台空港の CUBIC THREE DEPARTURE の方式図です。

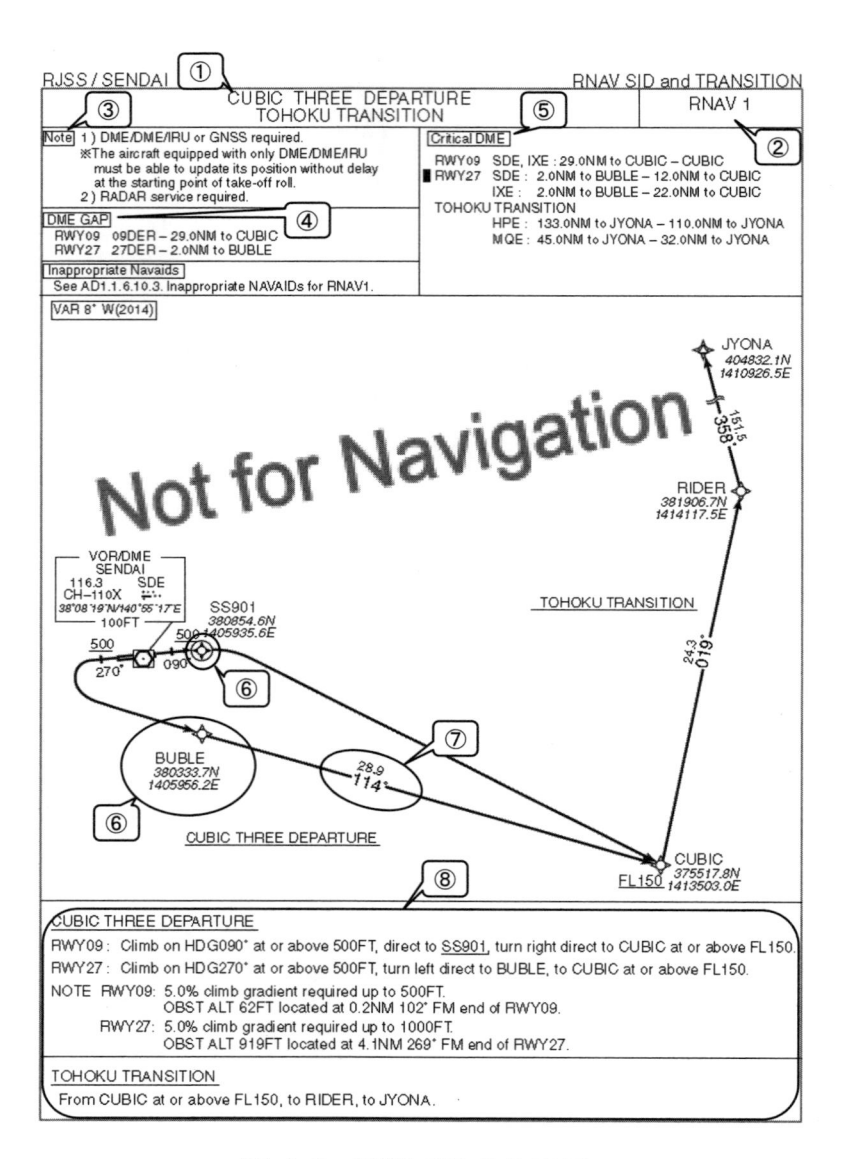

図 3.3: RNAV SID の公示例
[仙台空港 CUBIC THREE DEPARTURE]

　全体的なレイアウト等は既存航法の場合と同じですが、特に、RNAV 方式に固有な箇所（①～⑧）について補足します。

①　方式名称

　RNAV 方式に限らず、日本の SID および STAR の方式名称は、国際標準（ICAO 第 11 附属書）に従ったものとはなっていません。このため、チャートに示される方式名称と CDU に示される方式名称で大きく異なることがあるので注意願います。

②　航法仕様

　②の「RNAV1」は、本方式が準拠する航法仕様を示しています。運航者側から見れば、本方式を飛行するためには、RNAV1 の航行許可が必要ということになります。

③　注記

　"Note" は、本方式に適用される注記を示します。このうち 1) は、本方式を飛行する上で要求される航法センサーの種別を示します。なお、ここに示されるように、DME/DME/IRU（GNSS なし）により RNAV1 SID を飛行する場合、離陸開始時においてすみやかに Position Update を行えることが求められます。GNSS 非搭載機材が Position Update なく離陸すると、離陸直後に Map Shift 等の不具合を生じることがあり、また、滑走路の処理能力を低下させないためには、このような Position Update を「速やかに」行う必要があるためです。

④　DME 間隙

　この DME GAP（DME 間隙）となる区間は、飛行検査機による実地検証を通じて確定されたものです。例えば

この方式の場合、「RWY09 09DER ── 29.0NM to CUBIC」
と記載されていますが、これは、「RWY09 離陸滑走路末
端から、CUBIC の手前 29.0NM の地点まで」の間が DME
間隙であることを示しています。

⑤　クリティカル DME

　本項目は、本方式に影響を及ぼすクリティカル DME
の存在と、その対象区間を示しています。「RWY09 SDE,
IXE: 29.0NM to CUBIC ── CUBIC」とあるのは、RWY09
からの離陸において、SDE および IXE が、CUBIC の手前
29.0NM の地点から CUBIC までの間、クリティカル DME
となっていることを意味します。つまり、SDE または IXE
のいずれかが停波した場合、当該区間が DME 間隙となっ
てしまうということです。クリティカル DME については、
3.1.2 項の②も参照願います。

　空域全体を、適切な位置関係にある DME で覆い尽く
すためには、非常に多くの DME を必要とし、現実的では
ありません。このため、大部分の RNAV1 SID/STAR（特
に SID）において、DME 間隙やクリティカル DME が存
在しています。

⑥　ウェイポイント情報

　チャート中、方式を構成する各ウェイポイントの情報
が記載されます。座標に加え、ウェイポイントの種類す
なわちフライバイウェイポイントかフライオーバーウェ
イポイントかの別が、異なるシンボルによって図示され
ます（**図 3.4** 参照）。フライバイウェイポイントとフラ
イオーバーウェイポイントでは、航空機の旋回パスが異
なってきます（5.2 節参照）。

フライバイ

フライオーバー

図 3.4: ウェイポイントを示すシンボル
［フライバイウェイポイントとフライオーバーウェイポイント］

⑦　**区間方位・距離**

　⑦は、ウェイポイント間の磁方位ならびに距離を示すものです。この例では、磁方位 114°　（度単位）、距離 28.9NM（0.1NM 単位）です。これらも基本的にはデータベースコーディング用ですが、パスターミネーターの種類によっては、これらの情報はあくまでコーディング時における確認用として使用されるにとどまり、データベースには登録されないこともあります。例えばこの BUBLE－CUBIC 間も、データベース上は両地点間の大圏として定義・登録され、ここに示された方位・距離はデータベースには登録されません。つまり、CDU 上に示される方位・距離は、FMS が計算したものであって、公示値がそのまま表示されるわけではありません。このため、チャートと CDU で方位・距離がわずかに異なって表示されることがあります。

⑧　**文言記述**

　方式図（またはその裏面）には、方式の文言記述（Textual Description）が付されます。内容的にはチャートと同じ方式（飛行方法）を表現するものです。また、データコーディングを行う者やパイロットがこれを読んだときに誤

解が生じないよう、表現が統一されています。なお、RWY09 からの出発に係る文言表記中、"direct to <u>SS901</u>" のようにウェイポイント "SS901" に下線が付されているのは、方式中、当該ウェイポイントがフライオーバーウェイポイントとして設定されていることを示します。

　また、RNAV SID/STAR の公示は、チャートの裏面にも続きます（**図 3.5** 参照）。これは、「記述表」（Tabular Form）とよばれるもので、データベースコーディングに際して飛行方式の意図を正しく伝えるためのものです。データベースコーディングの詳細については、第 6 章を参照願います。

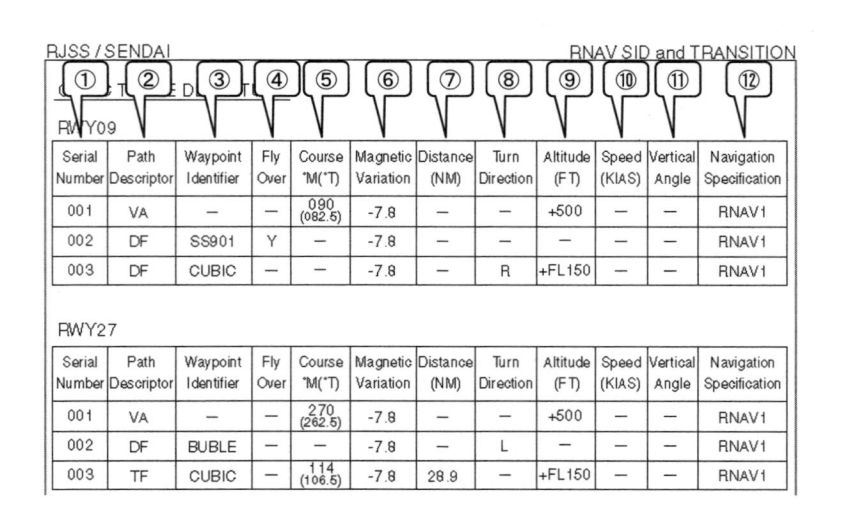

図 3.5: RNAV SID の公示例（続）

[仙台空港 CUBIC THREE DEPARTURE]

　表の各行は、一つの「レグ」すなわちウェイポイントからウェイポイントの間等の区間を示しています。その終わり（すなわち次のレグの始まり）は、ウェイポイントではなく高度や「次のレグへの会合」といった内容で定義されることもあります。

① シリアルナンバー

　　各レグが並ぶ順序を示します。運航上特に気にする必要はないでしょう。

② パスディスクリプター（パスターミネーター）

　　この欄は「パスターミネーター」つまり当該レグの飛び方を示します（パスターミネーターについては、第 6 章 6.2 節参照）。これは、方式設計者の意図を反映したコーディングとするために「推奨」されるものです。従来の公示において、"Recommended path terminator"（推奨パスターミネーター）と表記されていたのはこのためです。飛び方が公示の意図と一致していれば必ずしもここに示されたパスターミネーターそのものを使用する必要はありません。利用可能なパスターミネーターの種類は FMS によって異なるので、あまり厳格にパスターミネーターを指定することは困難だからです。わざわざ "Path Descriptor" という語を使用しているのは、「必ずしもここに示された記号どおりのパスターミネーターを使用することを求めていない」という意図を示すためです（"Path Descriptor" の語について飛行方式設定基準、PANS-OPS とも定義はありませんが）。

③ ウェイポイント名

　　"Waypoint Identifier" の欄には（原則として）各レグ

の終端に位置するウェイポイント名が示されます。終端がウェイポイント以外の場合、すなわち高度等によって終端が定義される場合は、"−"となります。

④　フライオーバー

　　レグの終端となるウェイポイントがフライオーバーウェイポイントである場合、"Fly Over"の欄に"Y"（Yes）が付されます。文言記述と異なり、ウェイポイント名（上記②）に下線が付されるわけではありません。

⑤　方位　および　⑦　距離

　　⑤は方位（磁方位（度単位）および真方位（0.1 度単位））を、⑦はウェイポイント間の距離（0.1NM 単位）を示します。通常この方位は次のウェイポイントに至る経路（トラック）の磁方位ですが、VA レグのようにヘディングを行わせるようなパスターミネーターの場合は、ヘディングの値となります。距離や方位が定義できないような場合は、"−"と記されます。

⑥　磁気偏差

　　各レグに係る磁気偏差（0.1° 単位）が示されます。"−"（マイナス）は、磁北が真北より西に傾いていることを示します。

⑧　旋回方向

　　⑧には旋回方向が、"R"（Right: 右）または"L"（Left: 左）として示されます。特に 90 度を超えるような旋回の場合、この旋回方向をコーディングに含めることにより、方式の意図に反して FMS が逆方向に旋回しようとするのを防止することができます。

⑨　**高度**

　　⑦は、終端ウェイポイント通過高度、あるいは、当該レグの終端を定義する高度（旋回開始高度等）が記されます。数字の前の "+" は "at or above"、"−" は "at or below"、記号なしは "at" を示します。なお、VA レグ（指定高度での旋回）に付随する高度は "+" すなわち "at or above" で示すことになっていますが、これは単に、そのような形でデータを登録するというコーディング上のルールに沿ったに過ぎません。運航上はあくまで当該高度（この例の RWY27 の場合、500ft）で旋回開始することが期待されており、「当該高度又はそれ以上の高度で旋回開始」という意味ではありません。

⑩　**速度制限**

　　制限速度が指定される場合、本欄に制限速度が記載されます。

⑪　**降下角**

　　降下角（Vertical Angle）欄が、SID/STAR において使用されることは現時点ではありません。

⑫　**航法仕様**

　　本欄は当該区間に適用される航法仕様を示すものです。

　このように、記述表は RNAV SID/STAR のコーディング用に情報を整理したものです。しかしながら、データベースのコーディングは、多くの点で記述表とは異なります。その全てを説明するのは困難ですが、一部は第 6 章 6.3.3 項にて説明していますので、こちらを参照願います。

3.4　RNAV による進入方式の概要

3.4.1　概説

　3.4 節から 3.9 節にかけて、RNAV による進入方式について説明します。そのうちまず本節においておおまかな枠組みについて説明した後、わが国において現在運用されている RNP 進入（RNP APCH: 3.5 節参照）と RNP AR 進入方式（RNP AR APCH: 3.6 節参照）について説明します。また、RNP 進入に付随するものとして、気圧垂直航法（Baro-VNAV: 3.5.3 項参照）、および、RNP 進入の一種ともいえるヘリコプター用ポイントインスペース進入方式（Point-in-Space: 3.7 項参照）についても説明します。

　また、上記の項目に関連したトピックをいくつか紹介します。具体的にはまず、PBN 以前に導入され現在でもレーダー空港において公示運用されている「RNAV 進入」（3.4.2 項参照）について説明します。RNP 進入と RNAV 進入は、方式名称を見ただけでは区別が付かず、注意が必要です。第二に、非精密進入方式において FMS の VNAV 機能を使用して行う進入（本書では便宜的に「FMS VNAV」とよぶ: 3.5.3 項参照）について、Baro-VNAV と対比する形で説明します。

　その他、RNAV とは位置付けられていませんが、今後の正式導入に向けて現在実験飛行が行われている GLS（GBAS 着陸装置）による進入方式に関して 3.9 節にて説明します。

3.4.2　RNAV による進入方式の種類

　最初に、RNAV（航法仕様）による進入方式について説明します。なお、飛行方式設定基準と管制方式基準（第 5 管制業務処理規程）の間で用語の定義が異なるので、注意が必要です。

表 3.6 は、関連用語の定義について両基準間の定義を比較したものです。

表 3.6: RNAV による進入方式に関する用語の対比

	航空保安業務処理規程 第 5 管制業務処理規程 （管制方式基準） I 総則 2 定義	飛行方式設定基準 第 III 部第 6 編第 3 章 3.1.5 第 III 部第 6 編第 5 章 5.1.6	備考
①	**RNAV 進入 (RNAV approach)** RNAV 進入方式、RNP 進入方式又は RNP AR 進入方式に従い進入<u>することをいう。</u>		③、④および⑤を「**行うこと**」をいう。
②		**RNAV 進入方式** GNSS を位置アップデートセンサーとして使用する RNAV 適合機のために設定される計器進入方式をいう。 ☆「*管制方式基準*」のいう ***RNAV 進入方式 (③)*** *とは異なる。*	＝ ③＋④＋⑤ ＋ α（今後開発の可能性）
③	**RNAV 進入方式** **(RNAV approach procedure)** 地球的航法衛星システム(GNSS)を航空機の測位及び位置情報更新の手段として使用する RNAV 適合機のために設定された航法精度が指定されない計器進入方式をいう。 注 RNAV 進入方式は、航法精度が指定されないことから性能準拠型航法には該当しない。 ☆「*設定基準*」のいう ***RNAV 進入方式 (②)*** *とは異なる。*	**RNAV 進入** RNAV 進入方式のうち、航空局技術部(*)の定める『GPS を計器飛行方式に使用する運航の実施基準』に基づく単独進入であって、『RNAV 航行の許可基準及び審査要領』に基づく RNP APCH航行以外の進入をいう。 ☆「*管制方式基準*」のいう ***RNAV 進入 (①)*** *とは異なる。*	PBN 外と位置付けられる

注: (*)　現在、『**GPS を計器飛行方式に使用する運航の実施基準**』の所掌は航空局安全部ですが、表中においては、飛行方式設定基準の表記のまま「技術部」としています。

表 3.6: RNAV による進入方式に関する用語の対比（続）

	航空保安業務処理規程 第 5 管制業務処理規程 （管制方式基準） I 総則 2 定義	飛行方式設定基準 第 III 部第 6 編第 3 章 3.1.5 第 III 部第 6 編第 5 章 5.1.6	備考
④	**RNP 進入方式** **(RNP approach procedure)** 全飛行時間の 95%における進行方向に対する横方向の航法誤差が、初期進入、中間進入、進入復行の各セグメントにおいて±1 海里以内、最終進入セグメントにおいて±0.3 海里以内となる航法精度その他の航法性能要件及び航法機能要件（機上性能監視及び警報機能を含む。）が規定される RNP 仕様に基づく計器進入方式をいう。	**RNP 進入** RNAV 進入方式のうち、全飛行時間の 95%における進行方向に対する横方向の航法誤差が、初期進入、中間進入、進入復行の各セグメントにおいて±1NM 以内、最終進入セグメントにおいて±0.3NM 以内となる航法精度及びその他の航法性能並びに航法機能要件（機上性能監視及び警報機能を含む。）が規定される進入をいう。	PBN
⑤	**RNP AR 進入方式** **(RNP authorization required approach procedure)** 全飛行時間の 95%における進行方向に対する横方向の航法誤差が最小±0.1 海里以内となるような航法精度及び航法機能要件（機上性能監視及び警報機能を含む。）が規定される RNP 仕様及び法第 83 条の 2 の特別許可に基づく計器進入方式をいう。	**RNP AR 進入方式** **(RNP AR APCH)** 全飛行時間の 95%における進行方向に対する横方向の航法誤差が最小±0.1NM 以内となるような航法精度、その他の航法性能及び航法機能要件（機上性能監視・警報機能を含む。）が規定され、かつ特別許可に基づく進入方式をいう。	同じ

　以下、本書においては、用語の定義は飛行方式設定基準に従います。上記の定義群の包含関係に基づき、RNAV 進入方式の種別とその関係を整理したものが、**図 3.6 および表** 3.7 です。

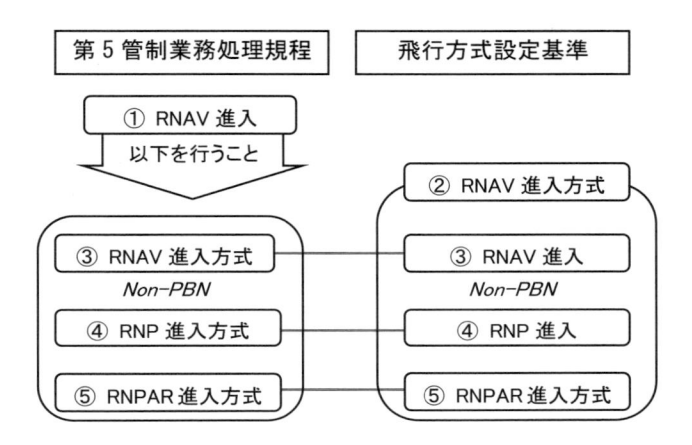

図 3.6: RNAV による進入方式に係る用語の対比

表 3.7: RNAV 進入方式の種類

	PBN 概念に基づくもの（航法精度を指定する RNAV）		PBN 概念外のもの（左記以外）
名称	RNP 進入	RNP AR 進入方式	RNAV 進入
運航承認基準/航行許可基準	『RNAV 航行の許可基準及び審査要領』		『RNAV 運航承認基準』(*)

*:「RNAV 航行許可基準」による RNP APCH（RNP 進入）の許可を受けている航空機は、「RNAV 運航承認基準」による承認を受けなくとも、RNAV 進入を実施することができる。

　PBN 概念に基づく進入方式、すなわちわが国の枠組みにおいて「航法精度を指定する RNAV」に該当する進入方式としては現在、RNP 進入と RNP AR 進入方式があります。これらによる航行を行う運航者は、「RNAV 航行の許可基準及び審査要領」（平成 19 年 6 月 7 日付　国空航第 195 号・国空機第 249 号）に従い、国土交通大臣の許可を取得する必要があります。一方、PBN 概念外のものとしては、RNAV 進入があります。これを飛行するためには、「RNAV 運航承認基準」（平成 14 年 3 月 19 日付　国空制第 1372 号・国空機第 1395 号）に基づき、航空局

安全部長の承認が必要です。

　ここで注意が必要なのは、RNP 進入と RNAV 進入です。こ
れら両者とも、飛行方式名称は"RNAV (GNSS) RWY18"のよ
うな形式となっており、チャート上でも注意して見分ける必要
があります。

表 3.8: RNP 進入と RNAV 進入

	RNP 進入	RNAV 進入
PBN との関係	PBN 概念に基づく （航法精度を指定する RNAV）	PBN 概念外
運航承認基準/ 航行許可基準	RNAV 航行の許可基準 及び審査要領	RNAV 運航承認基準 (*1)
GPS 使用の基準	「GPS を計器飛行方式に使用する運航の実施基準」 （平成 9 年 11 月 25 日付　空航第 877 号、空機第 1278 号）	
対象空港	ノンレーダー空港において も設定可能	レーダー空港においてのみ 設定可能 (*2)
適用される飛行 方式設定の基準	飛行方式設定基準　第 III 部第 6 編第 3 章　他	
方式名称の形式	RNAV (GNSS) RWY xx	
Baro-VNAV	実施可能	
チャート上の 注記	1. DME/DME RNP0.3 not 　 authorized. 2. RNP0.3 required. 3. GNSS required.	1. DME/DME not authorized. 2. RADAR service required. 3. GNSS required.

注: (*1)　「RNAV 航行許可基準」による RNP APCH（RNP 進入）の許可を受けて
　　　　いる航空機は、「RNAV 運航承認基準」による承認を受けなくとも、RNAV
　　　　進入を実施することができる。
　　(*2)　飛行方式設定基準　第 III 部第 6 編第 3 章 3.1.1 を参照のこと。ただし、
　　　　「レーダー空港」について厳密な定義は示していない。

　RNAV 進入は、PBN 概念の導入前、すなわち PBN マニュア
ルが導入される以前に導入されたものです。その後 PBN マニ
ュアルが発行された際、ICAO は「PBN 以前の RNAV 進入は、
RNP 進入と内容的に同じであり、RNP 進入に移行する」と説
明していました。両者に適用される設定の基準は同じです。ま
た両者は本来同一であって、かつ、RNAV 進入は RNP 進入へ

とすみやかに移行がなされるものと想定されたことから、両者とも同じ RNAV（GNSS）RWY xx の形式の名称となったのです。しかしながらわが国においては、RNAV 進入から RNP 進入への移行が必ずしも容易ではないとの声が一部運航者から上がったため、RNAV 進入の RNP 進入への移行はなされず、現在両者が並存する形となっています。

　このような経緯から、チャートを見てもすぐにどちらか見分けづらい状況となっていますが、注記欄を見ることにより区別が可能となっています。すなわち、RNP 進入の場合の注記は、「1. DME/DME RNP0.3 not authorized」、「2. RNP0.3 required」、「3. GNSS required」となっており、一方の RNAV 進入では、「1. DME/DME not authorized」、「2. RADAR service required」、「3. GNSS required.」となっています（図 3.7 参照）。

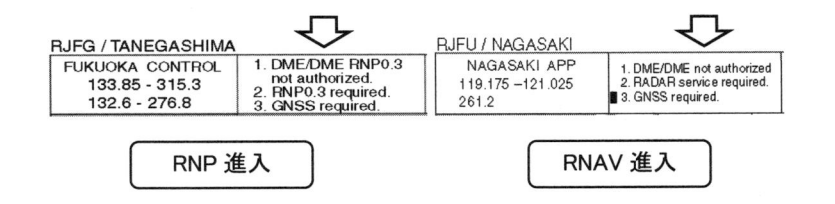

図 3.7: RNP 進入と RNAV 進入のチャート上での区別

　なお、GPS の使用に関しては、RNP 進入・RNAV 進入とも、「GPS を計器飛行方式に使用する運航の実施基準」（平成 9 年 11 月 25 日付　空航第 877 号・空機第 1278 号）の適用を受けます。また RNP 進入・RNAV 進入とも、Baro-VNAV の実施が可能ですが、これに関しては両進入とも、「Baro-VNAV 進入実施基準」（平成 18 年 5 月 12 日付　国空航第 986 号・国空機第 1416 号）の適用を受けますので、ご注意下さい。

3.5　RNP 進入

3.5.1　概説

　本節では、RNP 進入の概要について説明します。RNP 進入は、PBN 概念に基づく RNAV、航空法施行規則のいう「航法精度を指定した RNAV」です。その航行許可は、RNAV 航行許可基準の附属書 5「RNP APCH 航行に関する運航基準」の適用を受けます。当該附属書は、もともと PBN Manual の Volume II, Part C, Chapter 5 に準拠して作成されたものです。

　一方、2013 年の PBN マニュアル改訂版（4th Edition）にて、この Chapter 5 が、Section A と Section B の 2 部構成になりました。そのうち Section A は "RNP APCH Operations down to LNAV and LNAV/VNAV Minima"（LNAV および LNAV/VNAV ミニマでの RNP 進入）、Section B は "RNP APCH Operations down to LP and LPV Minima"（LP および LPV ミニマでの RNP 進入）となっています。LNAV ミニマとはいわゆる非精密進入を行う場合のミニマ、LNAV/VNAV は Baro-VNAV に係るミニマであり、この Section A が、従来からの RNP 進入に相当します。一方、LP（Localizer Performance）は、SBAS（衛星型補強システム）によりローカライザー相当の精密な水平方向ガイダンスが利用可能（垂直方向ガイダンスなし）な非精密進入方式、LPV（Localizer Performance with Vertical Guidance）は、LP に加え、垂直方向ガイダンス（ただし、Baro-VNAV よりは高性能だが精密進入には劣る）も利用可能な進入方式、すなわち APV（垂直方向ガイダンス付進入方式）です（**表 3.9** 参照）。

表 3.9: RNP 進入に適用されるミニマ一覧

		垂直方向ガイダンス	
		あり（APV: 垂直方向ガイダンス付進入方式）	なし（非精密進入）
水平方向ガイダンス	LOC 相当	LPV (*1)	LP (*1)
	LOC より劣る	LNAV/VNAV (*2)	LNAV

注: (*1)わが国において適用予定なし。
　　(*2)垂直方向ガイダンスの性能は ILS GP や LPV より劣る。

　なお、わが国の SBAS である MSAS では、現時点で LP や LPV は実施することができません（2019 年 9 月現在、LPV 等を実施可能とすべく、準天頂衛星「みちびき」を利用した性能向上を計画）。このため当面の間は、従来と同様の RNP 進入が実施されます。すなわちわが国においては、PBN Manual の Volume II, Part C, Chapter 5 のうち、Section A のみが適用されることになります。つまり、わが国における RNP 進入は当面、非精密進入（LNAV ミニマ）または APV/Baro-VNAV（LNAV/VNAV ミニマ）のいずれかということになります。

3.5.2 RNP 進入航法仕様

　表 3.10 は、RNP 進入（RNP APCH）航法仕様の概要をまとめたものです。

表 3.10: RNP 進入（RNP APCH）航法仕様の概要

航法精度（95%）	初期・中間・進入復行: ± 1NM 最終進入: ±0.3NM
機上性能監視警報機能	要件あり
航法センサー	GNSS
航法用データベース	必要
パスターミネーター	必要（IF, DF, TF）

　RNP 進入は、RNP 航法仕様として機上性能監視警報機能の要件が含まれています。

　　しかしながら、元々RNP 進入の航法仕様は、米国で一般航空用に広く使用されているシンプルな Stand-alone 型 GPS 受信機（TSO C129a や C196a に従って設計されたもの）でも適合可能となるように開発されたものです。このため、機能要件のハードルも低く設定されています。RNAV1 や RNP1 に含まれながら RNP 進入に含まれない機能要件も少なくありません。例えば、使用可能となるべきパスターミネーターも、IF、DF、TF の 3 種類のみです。この点は、RNP 進入の門戸を広げる一方、定期航空運送事業に使用されるような FMS 機にとっては、物足りないものといえるでしょう。

　　また RNP 進入では、飛行フェーズ毎に求められる精度要件が異なります（**表 3.10** 参照）。この値は、GPS 受信機の基準である米国 TSO C129a 等の要件に準じて定められたものです。

3.5.3 Baro-VNAV

　　RNP 進入（およびレーダー空港に設定されている RNAV 進入）は、非精密進入としても、また APV/Baro-VNAV 方式すなわち垂直方向ガイダンス付進入方式（APV: Approach Procedure with Vertical Guidance）として実施することもできます。

　　APV は「横方向及び垂直方向のガイダンスを有するが精密進入・着陸運航に係る要件を満たさない計器進入方式」と定義されます（飛行方式設定基準第 I 部第 1 編第 1 章）。つまり、垂直方向ガイダンスの精度等が、CAT I ILS GP に及ばないのです。

　　とはいえ Baro-VNAV も APV の一種です。進入限界高度は、最低降下高度（MDA）ではなく、決心高度（DA）が適用されます。Baro-VNAV 実施時の乗組員の操作等は、ほぼ精密進入と同一ではありますが、精密進入ではないものと位置付けられます。もちろん、非精密進入でもありません。

　なお APV には、Baro-VNAV の他、SBAS（衛星型補強システム）を使用する LPV（Localizer-Performance with Vertical Guidance）方式も含まれます（わが国には導入されていません）（**表** 3.11 参照）。

表 3.11: **進入方式の比較（非精密進入・APV・精密進入）**

	非精密進入	APV	精密進入
垂直方向ガイダンス	なし	あり（ただし性能は精密進入に及ばない）	あり
進入限界高度	MDA	DA	DA
例	- VOR 進入 - LOC 単独進入 - RNP 進入 　（LNAV）	- RNP 進入/RNAV 進入 　（Baro-VNAV(*1)） - RNP 進入 　（SBAS LPV）	- ILS 進入 　（CAT I/II/III） - GLS 進入

注: (*1) 方式図中、ミニマは "LNAV/VNAV" として示される。

　運航者が Baro-VNAV を実施するための基準は、RNP 進入のための航行許可や RNAV 進入の運航承認に加え、「Baro-VNAV 進入実施基準」（平成 18 年 5 月 12 日付　国空航第 986 号・国空機第 1416 号）に定められています。

　一方、Baro-VNAV と類似の運用として、公示された非精密進入（VOR 進入等）を、FMS の VNAV 機能を使用して飛行する方法があります。本項ではこのような運航を、仮に「FMS VNAV」とよぶことにします（**表** 3.12 参照）。FMS VNAV は進入方式の一種ではなく、非精密進入の飛び方の一種と位置付けられます。その実施に係る承認基準は、「非精密進入方式において FMS 装置の VNAV 機能を使用する運航の承認基準」（平成 16 年 5 月 25 日付　国空航第 50 号・国空機第 66 号）に定められています。

表 3.12: Baro-VNAV と FMS VNAV の比較

	Baro-VNAV	FMS VNAV
ベースとなる進入方式	RNP 進入、RNAV 進入	非精密直線進入方式全般（VOR 進入、LOC 単独進入等）
着陸可否の判断	方式図に公示された DA（LNAV/VNAV ミニマ）	会社が設定する決心高度（公示 MDA+100ft 以上(*1)）
NavDB	必要	必要
降下角	公示された値（NavDB に登録）	公示されない。FAF や SDF における高度制限を満足するよう、運航者（データハウス）が設定し、NavDB に登録される。

注: (*1) 進入復行の際に MDA 以上の高度を維持できることを示すことができる場合には、当該高度を「MDA+100ft」未満の値とすることができる。

3.5.4　初期進入の配置と TAA

　RNP 進入、RNAV 進入とも、複数の初期進入が設定され、T 型あるいは Y 型の形状に配置されるのが原則となっています。T 型および Y 型配置とは、**図 3.8** のようなものを指します。

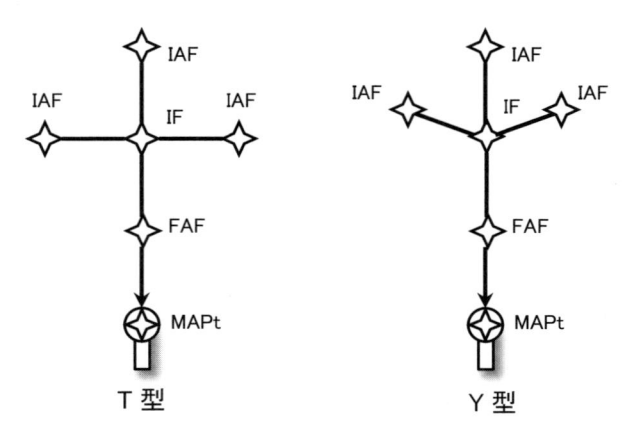

図 3.8: T 型／Y 型配置の初期進入

　なお本書の執筆時点において、わが国で完全な T 型配置の初期進入をもつ RNP 進入は公示されていません。おそらく、現

時点において RNP 進入はノンレーダー空港に設定されるもの
であり、ノンレーダー空港においては、航空路（エンルート
RNAV 経路含む）あるいは STAR から進入方式を接続する上で、
初期進入が 1 本ないし 2 本あれば事足りるため、レーダー誘導
の終点としての T 型/Y 型配置は不要なのでしょう。

　T 型配置および Y 型配置は、いかなる方向から到着する航空
機もリバーサル方式や待機経路を経由することなく進入可能
となることを目的とするものです。航空機は、その到着方面に
より、3 ヶ所ある初期進入フィックス（IAF）のいずれかに直
行します（図 3.9 参照）。

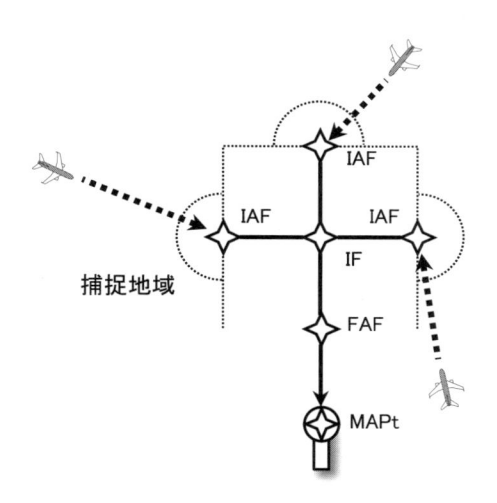

図 3.9: T 型配置における IAF への直行

　T 型あるいは Y 型配置の初期進入が設定される場合、最低扇
形別高度（MSA: Minimum Sector Altitude）に代え、ターミナル
到着高度（TAA: Terminal Arrival Altitude）が公示されます（図
3.10 参照）。TAA は、3 ヶ所の IAF からそれぞれ 25NM 以内、

かつ、初期進入セグメント経路で分割された区域内（高度設定時には各区域の周囲 5NM の緩衝区域内の障害物も考慮されます）の最大障害物標高に 300m（1000ft）の障害物間隔を確保するように、設定されます。いずれの区域も、円弧の中心（IAF）を通らない境界を含んでいるので、完全な扇形とはなりません。なお、中央の初期進入が設定されない方式も存在しますが、この場合の中央の TAA 区域の中心は、IF となります。

　また、各区域がアーク状の境界によって細分化されることもあります。

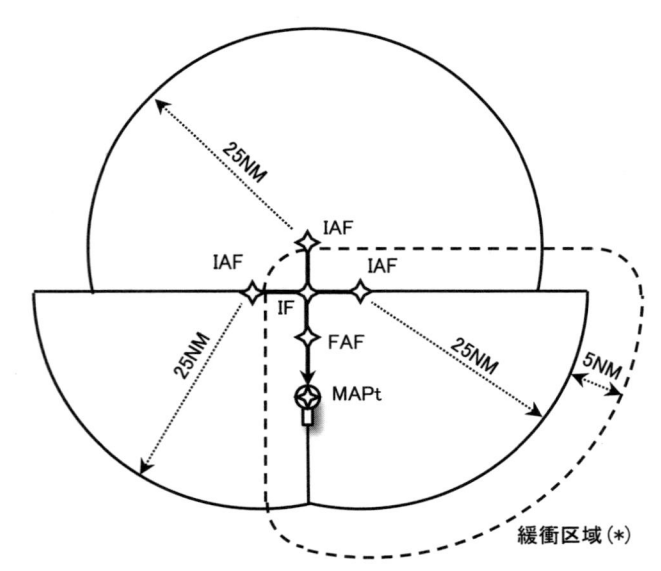

(*) 緩衝区域は全ての TAA 区域に付随するが、図の煩雑化を避けるため、図中右下の区域についてのみ示した。

図 3.10：ターミナル到着高度（TAA）

3.5.5　レーダー誘導の終了と RNAV 進入の実施

　管制官が、レーダー誘導中の航空機に対して、RNAV 進入を行わせる場合、初期進入フィックスまたは中間進入フィックスを誘導目標として、当該フィックスへの直行の指示により誘導が終了されます。最終進入フィックスへの直行を指示されることはありません。また、ILS 進入と異なり、最終進入コースへヘディングにて会合させるわけではありません。

　なお、このときの誘導高度の最低値としては、上記 TAA ではなく最低誘導高度（MVA）が適用されます。

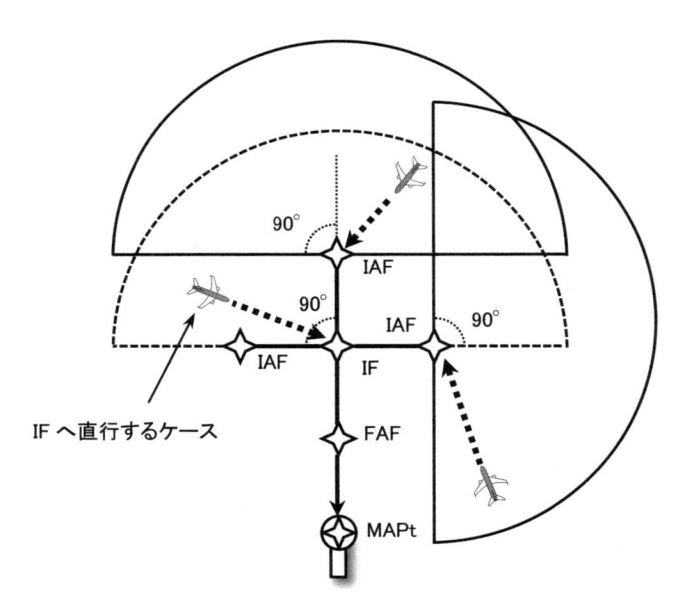

図 3.11: RNAV 進入のための管制指示
[第 5 管制業務処理規程の図に基づき筆者作成]

3.5.6　公示

　ここであらためて、実際の公示例（与論空港 RNAV (GNSS) RWY14 進入方式）をみながら、どのような情報が掲載されて

いるのか確認しましょう。

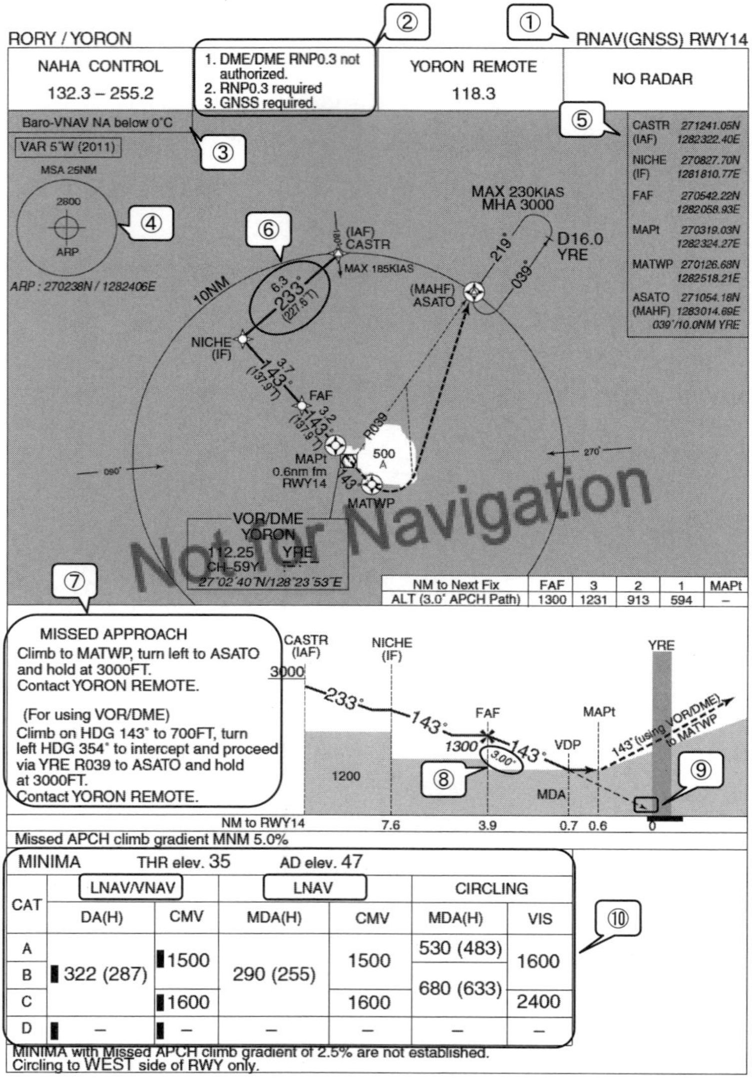

図 3.12: RNP 進入の公示例

[与論空港 RNAV (GNSS) RWY14 APCH]

①　方式名称

　　RNP 進入、RNAV 進入とも、方式名称は"RNAV (GNSS) RWY xx"の形で示されます。"（GNSS）"の部分すなわちセンサー名は管制許可には含まれません。米国等において、方式名が"RNAV (GPS) RWY xx"の形式をとることもあります。

②　航法精度・センサー等に係る注記

　　RNP 進入では、この例にも示される 3 つの要件が示されます。このうち項目 2.は、「最終進入セグメントにおいて RNP0.3 が達成できること」を求めています。すなわち「最終進入セグメントにおいて、横断方向の航法誤差が±0.3NM（95%）以内であり、かつ機上性能監視警報機能を有すること」を求めています。またこれに加え項目 1.において、「RNP0.3 が達成できても、それは DME/DME ではなく GNSS によるものでなければならない」ことを示しています。項目 3.は、航法センサーとして GNSS 受信機が必要であることを求めています。

③　Baro-VNAV 実施可能最低気温

　　低温時、実高度は気圧高度計の値よりも低くなります。このため気圧高度を利用する Baro-VNAV では、気温低下に従って FMS の生成する降下パスが低くなります。このような影響を一定の範囲内に収めるため、Baro-VNAV を利用することのできる最低気温が示されます。

　　同様に、高温時においては降下パスが高くなりますので、そのような影響を許容範囲内とするため、Baro-VNAV 利用可能最高気温の記載も重要です（今後、適宜公示予定）。

④　TAA（ターミナル到着高度）または MSA（最低扇形別高度）

当該方式に係る TAA または MSA が公示されます。このうち TAA は T 型／Y 型の初期・中間セグメント経路の配置を適用した場合にのみ公示されます。ここで示した方式例は T 型／Y 型ではありませんので、TAA ではなく MSA が公示されています。

図 3.13 は、新千歳空港 RNAV (GNSS) RWY19L APCH に対する TAA の公示例です。

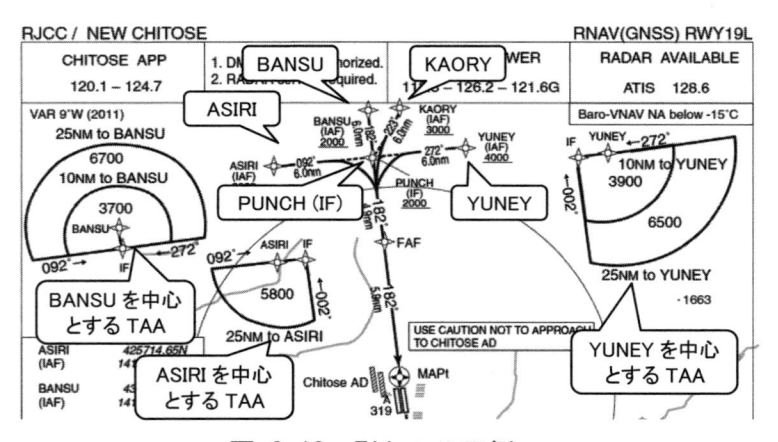

図 3.13：TAA の公示例
［新千歳空港 RNAV (GNSS) RWY19L APCH］

この進入方式は、T 型配置に加え、もう一つ KAORY から始まる STAR 接続用の初期進入が設定されています。しかしながら TAA は、KAORY にこだわることなく BANSU（中央）、ASIRI（右ベース）および YUNEY（左）を基準点として設定されています。

⑤　ウェイポイント一覧表

SID/STAR の場合と同様、方式を構成するウェイポイントの緯度・経度が、一覧表の形でともに 0.01 秒単位で記載されます。

⑥　区間方位・距離

SID/STAR の場合と同様、ウェイポイント間の距離（0.1NM 単位）、磁方位（度単位）および真方位（0.1 度単位）が示されます。

⑦　進入復行に係る文言記述

進入復行が文言記述の形で記載されます。通常、この例のように、RNAV による進入復行に加え既存航法による進入復行も併せて設定・公示されています。これは、進入開始後に GPS に不具合が生じて進入継続を断念したような場合に使用されるものです。

なお RNAV の場合の文言記述の表現は、SID/STAR の場合と同様、方式設計時に適用したレグタイプに対応する表現が使用されます。またフライオーバーウェイポイントは、その名称に下線が付されます。

⑧　最終進入降下パス角度　および　⑨ RDH

Baro-VNAV の降下パスの角度（0.01 度単位）および当該降下パスが滑走路末端上を通過する高さが公示されます（図 3.12 の例では、RDH は記載されていません）。ILS の場合と異なり、実際に GP 電波のようなものが出ているわけではなく、飛行方式設定基準に従い飛行方式設計者が設定します（通常は 50ft）。

⑩　最低気象条件

　　Baro-VNAV の場合のミニマは"LNAV/VNAV"、非精
密進入の場合のミニマは"LNAV"として区分表記され
ています。最終進入がオフセットしているような場合に
は、"LNAV/VNAV"は記載されません（ただし、基準
改正に伴い、今後オフセット方式にあっても
LNAV/VNAV ミニマが設定公示される可能性あり）。な
お、得られた MDA から RVR や CMV（Converted
Meteorological Visibility: 地上視程換算値）といった視程
ミニマを決定する基準は、RNP 進入・RNAV 進入と既存
航法（FAF を有するもの）と同じです。

3.6　RNP AR 進入方式

3.6.1　概説

　RNP AR 進入方式は、航空機および乗組員に対する特別な許
可を受けた者のみが飛行可能な進入方式です。

　飛行方式設定の観点からは、RNP AR 進入方式の根本的な特
徴は、「最新鋭の機材の性能を最大限に生かす」という発想に
あります。一般に飛行方式設定全般でいえば、その根底にある
のは、最も不利なケースを想定するという考え方です。すなわ
ち航空機に関しては、その飛行方式を飛ぶ可能性のある中で最
も性能の低いものを想定するという考えです。これでは、
RNP0.1 での高精度なトラッキングや、RF レグ（円弧上のパス）
を達成できるような航空機も、その性能を生かすことができず、
宝の持ち腐れになってしまいます。そこで発想を転換し、適合
率が下がることを認めた上で、高性能機限定の飛行方式を設定
するのが RNP AR 進入方式です。

　世界最初の **RNP AR** 進入方式は、1996 年に米国アラスカ州ジュノー空港（PAJN）で設定されました。ジュノーはアラスカ州の州都でありながら、市外に通ずる陸路（道路・鉄道）はなく、交通において航空輸送が非常に重要な役割を担っています。しかしながらそれまでジュノーでは、険しい地形により ILS 進入の設定が困難であり、就航率が 90%程度という状況でした。そこで導入されたのが RNP AR 進入方式であり、その結果、大幅に就航率を改善することができたのです。なお米国において **RNP AR** は **RNP SAAAR** とよばれます。"SAAAR"とは、Special Aircraft and Aircrew Authorization Required すなわち「航空機および乗組員に対する特別許可が必要」との意味です。

　わが国において航法精度を指定する **RNAV** 経路を航行するためには許可の取得が必要ですが、**RNP AR** 進入方式の場合、対象となる進入方式別に個別の許可を取得する必要があります（RNAV 航行許可基準 2.2 項参照）。

　このようにハードルを高く設定する目的は、前述のとおり個別の方式について対象となる航空機の性能を最大限に有効活用することにあります。一方、上記許可の仕組みに基づき、飛行方式設計者は、高い航空機性能と航空機乗組員訓練（およびこれに基づく知識・スキルレベル）を想定することが可能となります。すなわち、これまでの進入方式と比較してより小さい保護区域を設定することができるのです。また、その想定条件は各空港の事情に合わせて柔軟に設定することが可能となり、1 方式ずつカスタマイズして方式を設計することができるようになります。なお、ここでいう性能とは、RNAV システム（FMS 等）の航法精度、機能の他、バンク角、進入復行上昇勾配等も含まれ、これらは、各方式に対する運航安全性評価（FOSA: Flight Operational Safety Assessment）でも考慮されることになり

ます。

3.6.2　RNP AR 進入方式（RNP AR APCH）航法仕様

RNP AR 進入方式（RNP AR APCH）の航法仕様の概要をまとめると、**表 3.13** のようになります。

RNP 進入と比較すると、より小さな航法精度（RNP 値）が適用可能になるという点が、最大の相違です。ただし、標準値未満の RNP 値の使用は、運航上の便益が得られる場合に限られます。特に進入復行において 1.0 未満の RNP 値を使用する場合、安全性確保のため、様々な設計上の制約が課されることになります。

表 3.13: RNP AR 進入方式（RNP AR APCH）航法仕様の概要

航法精度（95%）	セグメント	RNP 値（NM）		
		最大	標準	最小
	初期	1	1	0.1
	中間	1	1	0.1
	最終	0.5	0.3	0.1
	進入復行	1	1	0.1
機上性能監視警報機能	要件あり			
航法センサー	GNSS			
航法用データベース	必要			
パスターミネーター	必要			

また、実際に達成可能な RNP 値は機材によっても異なりますので、障害物回避等で特に必要な場合を除き、RNP 値は標準値（例えば最終進入において RNP0.3）が適用されることになっています。

　上記のような制限等があるとはいえ、標準値未満となる RNP 値の適用は、時にミニマ改善において大きな便益をもたらします。**図 3.14** は、岡山空港 RNAV (RNP) RWY25 APCH のミニマですが、最終進入 RNP0.3 の場合と比較して、同 RNP0.1 の場合、DH は約 300ft、CMV は 200m の改善となっています。

MINIMA	THR elev. 804	AD elev. 785		
CAT	RNP 0.10		RNP 0.30	
	DA(H)	CMV	DA(H)	CMV
A	–	–	–	–
B				
C	1276 (472)	1600	1564 (760)	1800
D		1800		2000

図 3.14：RNP0.3 未満となる RNP AR 進入方式のミニマの例
［岡山空港 RNAV (RNP) RWY25 APCH］

　RNP 進入との比較といった観点に戻ると、RNP 進入と RNP AR 進入方式とでは、設定において使用可能なパスターミネーターも異なります（**表 3.14** 参照）。

表 3.14：パスターミネーターに関する
RNP 進入と RNP AR 進入方式の比較

	RNP 進入	RNP AR 進入方式
パスターミネーター	IF、DF、TF、RF+	IF (*1)、CF (*2)、DF (*2)、FA (*2)、TF、RF (*3)、VM (*4)

注: + 設定において、最終進入以外で使用可能となることが考えられる（2019 年 9 月時点では、わが国において使用された例はない）。

　パスターミネーターに関しては第 6 章（特に 6.2 節）にて詳しく説明していますので、そちらも参照願います。
　これらのパスターミネーターのうち、RNP AR 進入方式に関

して RNAV 航行許可基準上に要件として明記されているのは、CF、DF、FA および TF の 4 種類だけです。表中、(*1)を付した IF レグは、要件上明記はされていませんが、他のレグを使用する上で不可欠ですので、要件に準じるものとして追加しました。また、(*2)を付した CF、DF および FA レグは、飛行方式設定において、やむを得ない場合のみ運航者と調整のうえ使用するものとなっています。また、(*3)を付した RF レグは航法仕様として要件に含まれてはいませんが、曲線パスによる進入経路において必要となるものです。RF レグが使用される方式の場合、方式図中に "RF required" と注記するルールになっています。実際、RF レグの使用こそが RNP AR 進入方式を設定する最大の動機でしょうから、RF レグが飛べるということは非常に重要なポイントになります（世界的に、RNP 進入においても RF レグの利用が進められていますが、その場合も最終進入において RF レグを使用することはできません）。

　なお、RNAV 航行許可基準上、「VM 等は利用可能」と述べられているだけで、要件とは位置付けられていません。実際、これらが使用されるのはレーダー誘導を前提とする進入復行を設定するような場合だけでしょうから、わが国において通常お目にかかることはないものと思われます。

　以上を総合すると通常、RNP AR 進入方式は、IF、RF、TF を組み合わせて設計されることになります。

3.6.3　公示

　図 3.15 は、実際に公示されている RNP AR 進入方式（高知空港 RNAV (RNP) Z RWY14 進入方式）の方式図です。

図 3.15：RNP AR 進入方式の公示例
[高知空港 RNAV (RNP) Z RWY14 APCH]

① **方式名称**

　　RNP AR 進入方式の場合、方式名称は"RNAV (RNP) RWY xx"の形で示されます。方式名称に、"AR"の語は含まれません。なお"（RNP）"の部分は管制許可には含まれません。

② **航法精度・センサー等に係る注記**

　　本方式においては、GNSS 受信機と RF レグを飛行する能力が要件として記載されています。RF レグを使用しないような RNP AR 進入方式を設定するような場合は、もちろん RF レグは不要になります。

③ **Baro-VNAV 実施可能最低気温及び最高気温**

　　当該飛行方式を使用できる最低気温が公示されるのは、Baro-VNAV の場合と同じです。一方、気温が高い場合には降下パスが高くなるので、最高気温の制限が課せられています。なお、現在 RNP 進入や RNAV 進入に併せて利用される Baro-VNAV に関しても今後、RNP AR 進入方式と同様、実施可能最高気温を公示してゆく見込みです。

④ **最低気象条件**

　　RNP AR 進入方式は、DA/H とこれに対応した RVR 又は CMV が公示されます。非精密進入として飛行することはありませんので MDA は設定されません。一方、0.3 未満の RNP 値を適用することによってミニマ改善等が可能となる場合、より小さな RNP 値に対応したミニマが追加設定公示されます。本方式の場合、RNP0.3 に加え RNP0.14 に対するミニマが設定されています。なお、飛行方式設定基準上 RNP0.1 まで引き下げることが可能な

のにも関わらず RNP0.14 にとどまっているのは、これ未
満の RNP 値を適用してもミニマの改善が見込めないため
です。

⑤　**RNP AR である旨の注記**

　　本 RNP AR 進入方式を飛行するための許可を受けた者
しか飛行できない旨、強調表記されています。

3.7　ポイントインスペース進入方式

　本節では、ヘリコプター運航に適用されるポイントインスペー
ス（Point-in-space approach: PinS）進入方式について概説しま
す。なお 2019 年 9 月現在、わが国において PinS 進入はまだ導
入されていません。このため本節ではわが国の飛行方式設定基
準に加え、ICAO PANS-OPS や先行導入国である米国の例に基
づいて記述します。また、ICAO 等で一部検討中の内容も盛り
込んでいます。

　PinS 進入の名称にある「ポイントインスペース」（PinS）と
は、その名のとおり空中のある一点を意味します。すなわち
PinS まではガイダンスを利用して計器飛行を行い、当該 PinS
から先すなわち目的地となるヘリポート等までの間は、目視飛
行（proceed visually）または VFR によって飛行します。PinS 進
入の場合、PinS から FATO（最終進入／離陸区域: 固定翼機に
おける滑走路に相当する施設）等までの間の距離が長いことが
多く、さらには、1 本の最終進入経路から複数の FATO 等へ向
かうことが想定される方式も存在するという点で、他の進入方
式と異なります。

　PinS 進入は、PinS すなわち MAPt 以降、着陸に至るまでの目
視飛行の方法により、"Proceed Visually 方式"（図 3.16）と

"Proceed VFR 方式"（**図** 3.17）に大別されます。

表 3.15 は、これらの相違点をまとめたものです。

表 3.15: 2 種類の PinS 進入
["Proceed Visually 方式" と "Proceed VFR 方式"]

	Proceed Visually	Proceed VFR
MAPt 以降の飛行	IFR（Proceed Visually）	VFR
ミニマ	VFR ミニマを満たす必要はない。ただし地上物標の目視が必要であり、そのための視程ミニマを適用する。	VFR ミニマを適用。
MAPt 以降の保護	目視セグメントについて障害物評価を行い、適宜除去または識別を行う。	特になし。
目視セグメントに係る制限	目視セグメント最大長／最小長や、MAPt での旋回角に係る制限あり。	最大長/最小長、MAPt での進路変更に係る制限なし。
施設要件	Annex 14 Vol. II の FATO の要件に合致すること。ただし正式なヘリポートである必要はない。標識も不要。	特になし。

　全般的に Proceed VFR 方式の方が、施設・方式等に関して様々
な制約を受けずに済みますが、MAPt 以降はあくまで VFR での
飛行ということになります。

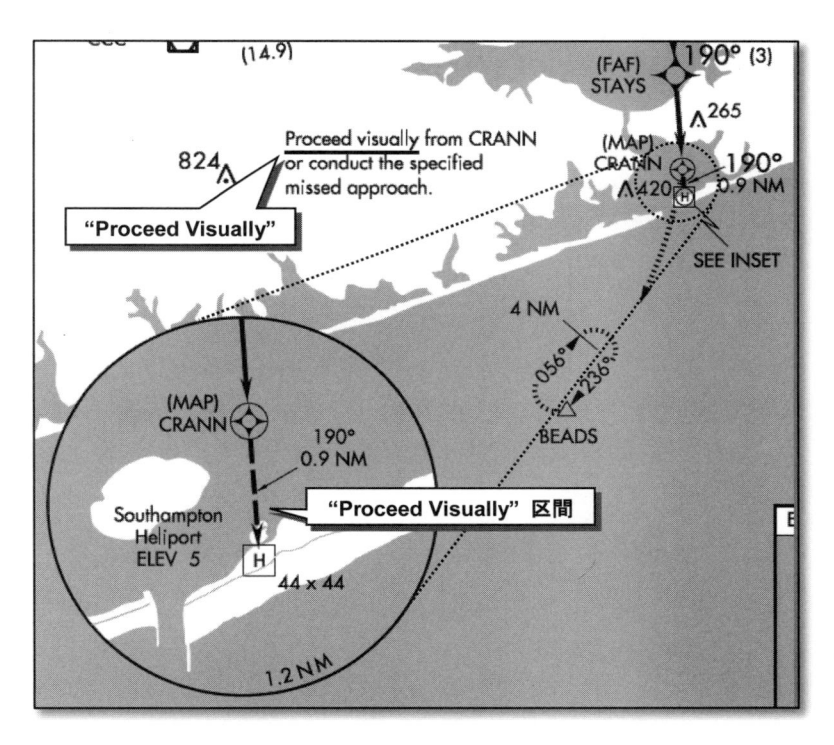

図 3.16：米国の PinS 進入（Proceed Visually）の例
［米国連邦航空局ウェブサイトより転載］

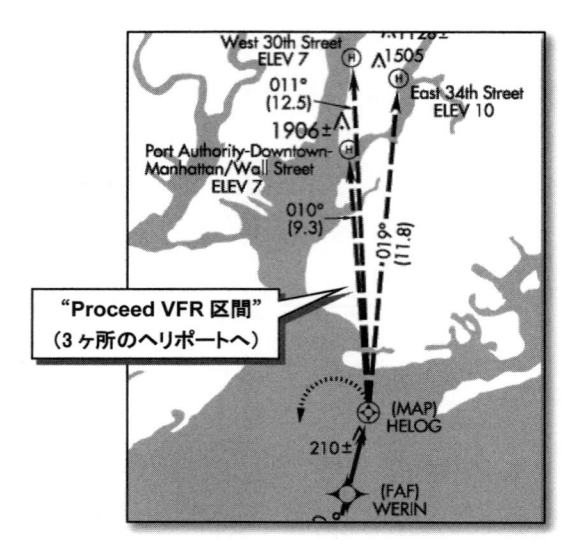

図 3.17: 米国の PinS 進入（Proceed VFR）の例
［米国連邦航空局ウェブサイトより転載］

3.8　さらに進んだ航法仕様

　これまで、主としてわが国において導入済みあるいは近い将来に導入が期待される RNAV 方式や航法仕様について説明してきました。一方、2013 年発行の PBN マニュアル改訂版（4th Edition）では、これらに加え新たな航法仕様が追加されています。本節では、これらの新しい航法仕様について紹介します。

　これらの航法仕様に基づく飛行方式の設定基準は、ICAO PANS-OPS の改正を受けて、近い将来、飛行方式設定基準に追加されると考えられます。また飛行方式設定基準の改正の際には、RNAV 航行許可基準も同時に改正され、これらの飛行方式・経路の飛行の枠組みが出来上がるものと思われます。

3.8.1　RNP2

　RNP2 航法仕様は、エンルート（洋上・遠隔地・陸上とも）用に開発されたものです。機能要件としては RNP1 に近いといえます（ただし、RNP1 の機能要件のうちターミナル飛行に関連するものは除外されています）。つまり、エンルート経路において、RNP1 適合機を、その性能を発揮する形で航行させようとするものです。また逆に、次項で説明する Advanced RNP に適合する機材は、RNP2 による陸上エンルート経路の飛行に適合するものとみなすことができます（PBN Manual, Vol. II, Part C, Chapter 2, para 2.3.2.2.3）。

　RNP2 では、必須要件として定められた機能の他、いくつかの機能をオプションとして使用することができます。その一つが FRT（Fixed Radius Transition）です。これはエンルート経路における RF レグのようなものです。RNAV 経路上の旋回点において、全機同じ半径で旋回を行わせることができ、管制間隔の確保等に役立てることができます。

　また RNP2 に係るもう一つのオプション機能として、パラレル・オフセット（Parallel Offset）があります。パラレル・オフセットは、パイロットが選択したオフセット距離（少なくとも 1NM 単位で、最大 20NM まで指定可能であること）をもって規定経路の左右を飛行する機能です。なお、RNP2 航法仕様は、センサーとして GNSS を想定しています。

　豪州はすでに RNP2 エンルート経路を運用しています。そこで、わが国の運航者による当該経路の飛行を可能とするため、わが国の「RNAV 航行許可基準」にも RNP2 航行許可に係る基準が収録されています（附属書 9）。

3.8.2　RNP0.3

　RNP0.3 は、ヘリコプターに対して、最終進入（および進入

復行）を除く全飛行フェーズを網羅する航法仕様として開発されたものです。RNP0.3 航法仕様の概要は**表 3.16** のとおりです。

表 3.16：RNP0.3 航法仕様の概要

用途	陸上・遠隔地エンルート経路 ターミナル（初期・中間進入含む）
航法精度（95%）	0.3NM
機上性能監視警報機能	要件あり
航法センサー	GNSS
航法用データベース	必要
パスターミネーター	必要

　最終進入は網羅されていませんが、最終進入にはポイントインスペース（PinS）進入が適用され、RNP0.3 は PinS までの接続を担うものと位置付けられています。

　機能要件としては、RNP1 と同等と見てよいでしょう。必要であれば、オプションとして RF レグを使用することもできます。なお、PBN マニュアルによれば、RNP0.3 は、その適用が通信・監視の利用可能性に依存しないとされる点も特徴的です（PBN マニュアル Volume II, Part C, Chapter 7, para 7.2.2 参照）。

3.8.3 Advanced RNP

　これまで多くの航法仕様について説明してきましたが、これらはいずれも使用可能な飛行フェーズが限られていました。すなわち、出発地から目的地まで PBN で飛行しようとする場合、一つの航法仕様だけでは網羅できず、必ず複数の航法仕様に係る航行許可を取得する必要がありました。

　Advanced RNP は、将来的にこのような煩雑さを解消することを目的の一つとして開発されたものです。すなわち Advanced

RNP は、RNAV5、RNAV1/2、RNP2、RNP1、RNP APCH の全てを網羅するものと位置付けられています。このため Advanced RNP は、エンルート（洋上・遠隔地・陸上とも）、ターミナル（SID および STAR）ならびに進入方式、すなわち全ての飛行フェーズに適用可能なものです。また特筆すべきなのは、その完全性を担保する上で、既存航法経路（VOR 経路等）へ戻るリコース（recourse）を考慮しなくてよいとしている点です（PBN Manual, Vol. II, Part C, Chapter 4, para 4.1.3.1）。ただしあくまで将来のものとして位置付けられており、実際に適用されるまでにはまだまだ時間を要するものと思われます。

Advanced RNP 航法仕様の概要は**表 3.17** のとおりです。

表 3.17: Advanced RNP 航法仕様の概要

用途	全飛行フェーズ
航法精度（95%）	0.3NM〜2.0NM
機上性能監視警報機能	要件あり
航法センサー	GNSS
航法用データベース	必要
パスターミネーター	必要
主な機能要件（必須機能）	RF レグ、RNAV 待機、パラレル・オフセット
オプションとして適用可能な機能	FRT, RNP Scalability, Time of Arrival Control, Baro-VNAV

エンルートから最終進入まで対応可能なものとして、航法精度は 0.3NM から 2.0NM まで幅広く設定されています。

オプションとして適用可能な機能の中には、ここで初めて登場するものが含まれますので、簡単に説明します。

RNAV 待機とは、任意の地点を待機フィックスとし、任意の

インバウンド方位により待機する機能をいいます。また PANS-OPS Vol. II（Part III, Section 3, Chapter 7）では、アウトバウンドにおいて偏流補正を行えることが含意されています。RNAV 待機機能に関しては、エアラインが使用するような航空機のほとんどの FMS は従来から対応可能であったといえます。しかしながら未対応の航空機がないと言い切れなかったために、RNP AR 進入も含めこれまでの航法仕様に要件として含まれなかったものです。Advanced RNP において初めてこの RNAV 待機が要件として課されましたが、偏流補正がある分、待機区域が縮小され、空域の有効活用が可能となります。

　RNP scalability とは、適用される航法精度（RNP 値）を、0.3NM 〜1.0NM の間の 0.1NM 単位で、NavDB から呼び出し、あるいはパイロットが指定できるような機能です。

　Time of Arrival Control は、経路上の地点を通過する時間を指定し、速度調整を行う機能ですが、具体的要件は今後開発されることになっています。

3.9　GBAS

　GBAS（Ground-Based Augmentation System）は、GPS 等のコア衛星の信号を、地上からの信号で補強し、精密進入までを可能とするシステムです。このため、GBAS 地上局から航空機に対して、GPS 信号を補正して航法精度を向上させるための情報、GPS 信号の信頼性（完全性）に関する情報、進入パスを定義するデータ等が送信されます。GBAS を用いた着陸システムは、GBAS 着陸装置（GLS: GBAS Landing System）と呼ばれます。現在はカテゴリーI を目標に試験飛行等が実施されていますが、将来的にカテゴリーII/III レベルにまで性能向上させるべく研

究が進められています。

　GLS のメリットは以下のようなものです。まず、ILS の場合に比べて設置運営コストが安価であると考えられる点です。ILS の場合には、GP アンテナの前に広い土地を確保する必要がありますが、GLS ではこのような土地は必要ありません。また、1 式の施設で複数の滑走路に対する進入方式を網羅することができます。

　次に、他の RNAV 方式と比較して、より信頼性が高いという点が挙げられます。通常、RNP 進入等において飛行方式はコーディングされ、NavDB に登録されて FMS に格納されます。一方 GLS の場合、地上局から毎回 FAS データブロック（最終進入に係る経路データ等のまとまり）を上空の航空機に送信します。またこのデータは CRC（Cycric Redundancy Check: 周期性冗長性検査）によって保護されており、データ送信時のエラーを検出できる仕組みとなっています。

　一方、機上ディスプレイでの表示やパイロットによる操作は ILS の場合と類似しており、戸惑うことなく使用することができます。

　また、TAP（Terminal Area Path）とよばれる機能を使用すれば、NavDB を有する FMS を使用しなくとも、曲線上の経路（ただし最終進入を除く）の飛行も可能です（将来検討課題）。

　なお今日、ICAO の規程体系上、GBAS 及びこれを利用した GLS による飛行は RNAV ではないものとして位置付けられています。しかしながら、機能上 GBAS と非常によく似た仕組みをもつ SBAS を使用した LPV や LP ミニマによる垂直方向ガイダンス付進入方式が PBN の枠組みに取り込まれているのと比較すると、何となく整合していない気がします。

第4章　RNAV における測位

　既存航法の場合、航空機は、航空保安無線施設（NAVAID）との相対関係として自機位置を把握していました。例えば VOR/DME からの電波によって知ることができるのは、「○○ VOR/DME のラジアル□□□°上、△△NM の位置にいる」というものです。RNAV（広域航法）において航空機は、座標（緯度・経度）の形式で自機位置を把握します。すなわち、「北緯○○° ○○′ ○○″/東経□□□° □□′ □□″にいる」というものです。

　本章では、RNAV システムが、どのようにして自機位置を測定するのか、その概略について説明したいと思います。

4.1　概要

4.1.1　センサーの種類

　各航法仕様には、使用可能な航法センサーが指定されています（**表 2.3** 参照）。なお航法仕様において航法装置や航法システムではなく「センサー」とよばれるのは、これらはあくまで外部からの信号（INS/IRS（IRU）を除く）を受信するものとして位置付けられ、測位そのものは RNAV システム（主に FMS）によってなされるとの考えによっています。一般に、複数のセンサーを利用するとの位置付けから、FMS は、MMR（Multi-Mode Receiver）ともよばれます。

　また、センサーという場合、単体の「DME」や「VOR」ではなく、「DME/DME」等の形で示されています。このことから、センサーの語が、単に受信機ではなく、緯度経度の情報ま

で出力可能な測位の仕組みをさしているといえるでしょう。

　表 4.1 は、各センサーが、どのような航法仕様において使用されるかを示したものです。

表 4.1: 航法センサーと航法仕様

センサー	航法仕様
VOR/DME	RNAV5
DME/DME	RNAV5、RNAV1/2
GNSS	全航法仕様（RNAV10、RNAV5、RNAV1/2、RNP4、RNP2、(Basic) RNP1、Advanced RNP、RNP APCH、RNP AR APCH、RNP0.3）
INS	RNAV10、RNAV5
IRS (IRU)	RNAV10、RNAV5、RNAV1/2

　表 4.1 に示されるとおり、全ての RNP 航法仕様において GNSS が利用可能となっています。ICAO は、今後 PBN は RNAV 航法仕様から RNP 航法仕様に移行するものと想定していますが、これに伴い、航法センサーも DME/DME のような地上施設によるものから、GNSS 中心に移行してゆくものと思われます。

　なお理屈上は、NDB/NDB や NDB/DME、VOR/VOR 等による測位も不可能ではありませんが、航法精度が十分ではない等の理由から、実用化はされていません。

4.2　VOR/DME による測位

　VOR/DME RNAV では、一つの VOR/DME からの方位および距離により、自機位置（緯度／経度）を計算します。既存航法において VOR/DME によって知ることができるのは、VOR/DME に対する自機の相対位置（方位・距離）です。そのためにパイロットは単に、当該 VOR/DME を受信するための情報（周波数、ID 等）を知っていれば十分でした。

　一方、VOR/DME による RNAV では、得られた方位・距離か

ら自機の緯度・経度を計算しますが、そのために RNAV システムは、VOR/DME の位置（緯度／経度）を知っている必要があります。VOR/DME の位置データと自機までの方位・距離から、自機位置の緯度／経度を計算するわけです（**図 4**.1 参照）。

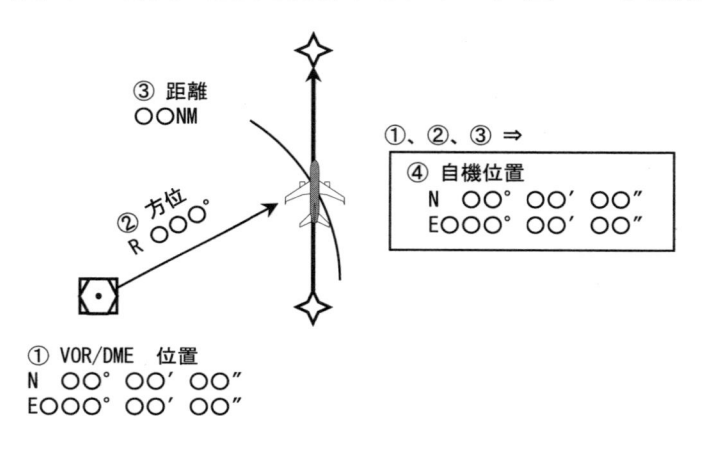

図 4.1: VOR/DME による測位

　なお、**VOR** の誤差は距離に比例して大きくなります。このため、VOR/DME RNAV の精度は当該局から遠くなるにしたがって劣化することになります。このようなことから VOR/DME RNAV は決して精度の高い測位システムとはいえず、VOR/DME RNAV をセンサーとして認めている航法仕様は RNAV5 のみです。ターミナルおよび進入方式に係る RNAV においては、VOR/DME RNAV は想定されていません。

　なお、GNSS や DME/DME 等により位置アップデートしながら飛行してきた航空機が何らかの理由によりこれらのセンサーによるアップデートができなくなった場合、RNAV システムが VOR/DME RNAV による測位にセンサーを自動的に切り替

えることがあります。これがオートリバージョンとよばれる機能です。しかしながら飛行方式の設計においては、このような場合にはただちに RNAV 航行が打ち切られるものと想定し、VOR/DME RNAV へのリバージョンを考慮しないこととしています。

4.3 DME/DME による測位

4.3.1 測位のしくみ

DME/DME RNAV では、航空機は DME 2 局からの距離をもとに自機位置（緯度／経度）を計算します。VOR/DME RNAV でも DME/DME でも、平面上の位置を確定するためには、2 つの情報（方位・距離等）の組み合わせが必要ということです。

VOR/DME RNAV と同様、この計算を行う上で RNAV システムは、あらかじめ両 DME の位置（緯度／経度）を RNAV システム内に NavDB として保有している必要があります。

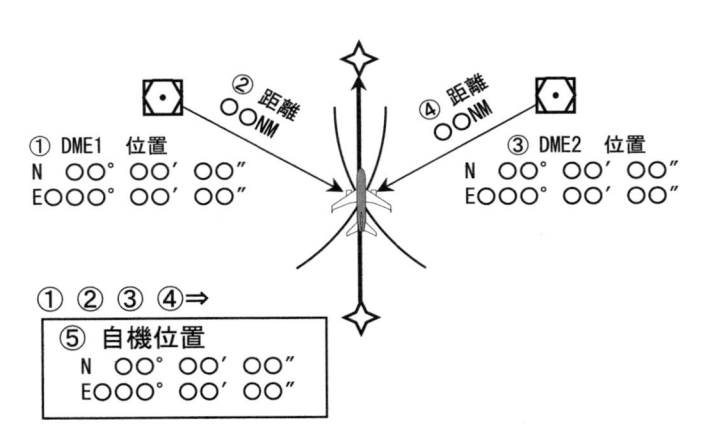

図 4.2: DME/DME による測位

　RNAV システムは、データベースの中から最も適した DME の組み合わせを自動的に選局します。ここで「最適」とは、DME が自機からみて適切な距離にあり、かつその両 DME を見た角度が適切な範囲（通常 30°から 150°の範囲内、かつ 90°が最適）にあることを指します。次図のとおり、幾何学的に 90°の組み合わせが、誤差を最小とする角度です。また、30°未満や 150°を超える角度の組み合わせを排除するのは、誤差が大きくなりすぎないようにするためです。

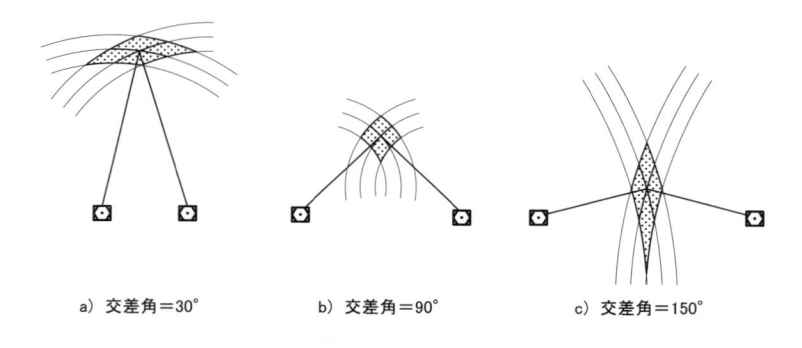

a）交差角＝30°　　　b）交差角＝90°　　　c）交差角＝150°

図 4.3：DME/DME 測位における交差角と誤差の関係

4.3.2 DME の利用に関する制限

　前項で示したように、DME/DME 測位を正確に行うためには、適切な位置にある DME を利用する必要があります。例えば RNAV1 の場合、位置アップデートに使用する DME は、以下のようなものに限られます。

①　**DME の相対角度が 30°〜150°の範囲にあること**

②　**DME が距離 3NM 以上 160NM 未満の範囲にあること**

③　**DME から航空機をみた仰角が 40°未満であること**

　RNAV システムは、自動的にこれを行い、条件に合致しない DME によって位置アップデートを行わないように設計されています。RNAV 航行許可基準（附属書 3, 第 2 章 2.3.2）においても、RNAV システムがそのようなアルゴリズムで設計されていることを求めています。

　逆に DME/DME を想定する RNAV 飛行方式を設定する際には、上記条件を満足する範囲（空域）において方式を設定することとしています（部分的に条件を満足しない区間すなわち DME 間隙が存在することは認められる）。

4.3.3　航法用データベースの利用

　既存航法においては、VOR/DME の（VOR）周波数をセットしてこれを受信し、当該局からの方位と相対距離に関する情報を得ていました。

　一方、これまで述べてきたように、VOR/DME RNAV や DME/DME RNAV において緯度経度として自機位置を計算する場合、使用する NAVAID の周波数だけでなく、その位置情報も必要になります。

　通常、このように航法に必要な NAVAID 等のデータは、航法用データベース（NavDB: Navigation Data Base）に登録され、RNAV システム（FMS 等）に格納されています。特に、DME/DME RNAV においては、正確な測位のために局と自機の間の斜距離（slant range）だけでなく水平面上の距離を必要とすることから、DME 標高データも必要です。この関係を図示したのが、図 4.4 です。

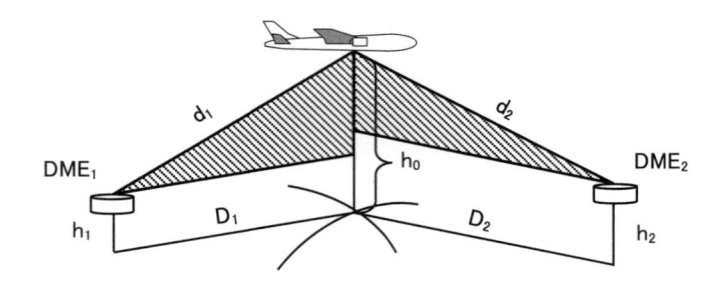

図 4.4: DME/DME RNAV における DME 標高データの利用

　ここで、自機位置の計算には水平距離である D_1 と D_2 が必要です。一方、DME 信号によって得ることができるのは d_1 と d_2 です。ここで d_1 および d_2 と、両 DME と航空機の間の垂直距離である（$h_0 - h_1$）および（$h_0 - h_2$）を組み合わせ、必要となる D_1 と D_2 を得ることができます。ここで最終的に自機の座標を得るために、両 DME の位置座標も必要となることはいうまでもありません。

　このように、NAVAID 等の情報をデータベースとして持っておくという点は、RNAV による測位において重要なポイントです。航法用データベースについては改めて第 6 章にて詳しく説明します。

4.4 GNSS による測位

4.4.1 GNSS の概要

　GNSS（Global Navigation Satellite System: 全地球的航法衛星システム）は、その名のとおり人工衛星を利用した航空航法システムです。現時点で最も一般的と思われるものは米国の GPS（Global Positioning System: 全地球的測位システム）です。同

様のシステムにロシアの GLONAS (Global Orbiting Navigation Satellite System) や欧州連合の Galileo（未稼働）がありますが、これらのシステムの衛星は、「コア衛星」と呼ばれています。

　一般社会では広く利用されている GPS も、航空機の航法の目的においては、それだけでは不十分なものとみなされています。主な理由は以下の二点です。

　第一に、GPS だけでは必要な精度を満足できないことがあるという点です。「満足できないことがある」という点をより正確にいうと、「『必要な精度（およびその他の要件）を満足する形で利用可能な確率』すなわち可用性（availability）が、要件を満たしていない」というものです。なお、精度と可用性は相互独立ではなく、バーターの関係にあります。精度要件を厳しくすればこれを満足する確率は下がり、可用性は低下します。一方、可用性の要件を満足しようとすると、達成可能な精度は低下します。

　第二に、システムが提供する情報が正しいということを保証する能力、すなわち完全性（integrity）（定義は ICAO 第 10 附属書 第 1 巻 第 3 章 3.7.1 参照）が十分ではないという点です。言い換えると、GPS 衛星等に不具合が生じた場合に、要求される時間（time-to-alert）内に航空機に警報を与える能力が欠如しているということです。

　このため、精度向上（可用性向上とも言い換えられる）および完全性向上のため、GPS 等のコア衛星に加え、**表 4.2** に示すような各種補強システムが必要となります。

表 4.2: GNSS 補強システム

補強システム	説明
機上型補強システム （ABAS: Aircraft-Based Augmentation System）	機上システムによって補強を行う。
衛星型補強システム （SBAS: Satellite-Based Augmentation System）	静止衛星等を利用したシステムによって補強を行う。 例: MSAS（日本）、WAAS（米国）、EGNOS（欧州）
地上型補強システム （GBAS: Ground-Based Augmentation System）	地上に配置した監視装置等を利用したシステムによって補強を行う。 例: LAAS（米国）

　これらのうち、機上型補強システム（ABAS: Aircraft-Based Augmentation System）は、機外のシステムを利用することなく、機上に搭載したシステムのみによって補強を行うものです。ABAS には、受信機自律型完全性監視（RAIM: Receiver Autonomous Integrity Monitoring）と航空機自律型完全性監視（AAIM: Aircraft Autonomous Integrity Monitoring）があります。これらのうち、RAIM は冗長な（追加的）GPS 信号を利用することにより不具合等を検知するものであり、最も一般的な ABAS の形態です。RAIM については 4.4.2 項にて詳述します。一方 AAIM は、GPS だけでなく他のセンサーからの信号も組み合わせて不具合等を検知するものです。

　衛星型補強システム（SBAS: Satellite-Based Augmentation System）は、コア衛星に加えて静止衛星を使用し、この静止衛星が送信する補正信号等を利用するものです。わが国の MSAS（MTSAT Satellite-based Augmentation System; 今後 MTSAT に代え準天頂衛星「みちびき」を利用予定）や、米国の WAAS（Wide Area Augmentation System）、欧州の EGNOS（Euro Geostationary Navigation Overlay System）は SBAS の例です。

地上型補強システム（GBAS: Ground-Based Augmentation System）は、空港内に設置されたアンテナから送信される同様の補正信号を使用するシステムです。SBAS と比較して狭いエリアでしか使用できませんが、その分精度が高く、精密進入も可能とするものです。米国の LAAS（Local Area Augmentation System）は GBAS の例です。GBAS による着陸システムである GLS は、将来的にカテゴリーIII まで性能向上されるものと期待されています。

なお、GNSS、SBAS、GBAS は一般名詞、GPS、GLONASS、Galileo、MSAS、WAAS、EGNOS、LAAS は固有名詞です。

4.4.2 測位原理と RAIM

GPS によって測位を行う場合、GPS 衛星からの電波到達時間を測定することにより衛星までの距離を計算し、その組み合わせにより自機位置を計算します。GPS 衛星側で受信機の位置を特定し、位置情報を送信してくれるわけではありません。距離の組み合わせから自らの位置を計算するという点で、原理的には DME/DME による測位に似ているともいえます。

GPS によって何ができるかは、機上で受信可能な GPS 衛星の数によって異なります。本来、3 次元空間上での自機位置を特定するためには 3 個の衛星からの電波を利用できればよいことになります（**図 4.5 (a)**）。これは、平面図上で、2 点を中心とする円弧を描くと、その交点を特定することができるのと同様です。しかしながら GPS の場合、衛星 3 個により測位するためには、航空機が衛星に搭載されているのと同様の精密な時計を持っていなければならないことになります。実際のところ航空機はそのような時計を持っていません。このため、自身の時計に代えて 4 個目の衛星からの電波を組み合わせることによ

り、自機位置を決定することになります（**図 4.5 (b)**）。

　さらに 5 個の衛星の電波を受信していれば、衛星からの電波が正しいかをチェックすることができます。これが、受信機自律型完全性監視（RAIM: Receiver Autonomous Integrity Monitoring）RAIM の原理です。5 個の衛星からの信号が利用できる場合にいずれかの衛星に不具合が生じたときには、「何かがおかしい」ということを検知し、GPS 測位を中止する判断を下すことができます（**図 4.5 (c)**）。このように、RAIM が不具合の存在（のみ）を検知する機能を、FD（Fault Detection: 故障探知）とよびます。

　しかしながら、5 個の衛星からの情報からだけでは、不具合の存在そのものは検知できても、「どの衛星がおかしいか」まで特定することはできません。これを行うためには、6 個目の衛星が必要となります（**図 4.5 (d)**）。6 個の衛星により、これによりどの衛星に問題があるかを判断する機能を、FDE（Fault Detection and Exclusion: 故障探知および排除）とよびます。

　このように、基本的な測位に必要な 4 個の衛星に加え、追加的（冗長な）情報を利用することにより、情報相互間の整合性を確認し、矛盾があったときに不具合ありと判断するのが FD の機能です。そして、さらに多くの情報を組み合わせて不具合の所在を検知するのが FDE の機能です。これらにより、GPS の課題の一つであった完全性確保が可能となるのです。

衛星 ＝ 3 個　　　　　　　衛星 ＝ 4 個

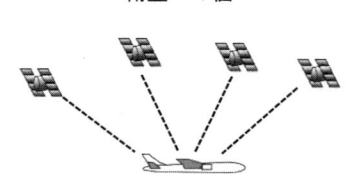

（a）原理的には、機上に正確な時計
　　があれば測位可能

（b）機上に正確な時計がなくとも
　　測位可能

衛星 ＝ 5 個　　　　　　　衛星 ＝ 6 個

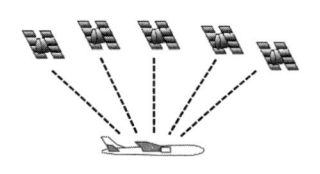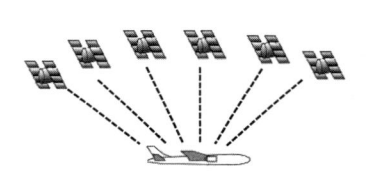

（c）FD：不具合の存在は検知できる
　　が、どの衛星に不具合があるの
　　かを知ることはできない

（d）FDE：不具合のある衛星を検知・
　　　排除し、測位を続行可能

図 4.5：GPS 測位と RAIM のイメージ

4.4.3 RAIM 予測

　上記のように、GPS を使用する場合、RAIM 等の補強を組み合わせる必要があります。しかしながら、常に GPS 衛星 5 個以上が航空機から見えるわけではありません。現在約 30 個の GPS 衛星が軌道上を周回していますが、その大半が地球の影に隠れてしまって必要数を利用できない確率は、決して低くありません。

　このため、GPS を使用するためには、SBAS による場合を除き、あらかじめ、必要な時に RAIM 機能（より一般的には ABAS）

が使用可能であることを確認しなければなりません（例えば RNAV 航行許可基準　附属書 5 第 3 章 3.1.1）。すなわち、5 個以上（FD の場合）の衛星が可視状態となることを、飛行前に確認しなければならないのです。

　このように、RAIM 機能の利用可能性を予測することを、RAIM 予測（RAIM Prediction）とよびます。運航者が RAIM 利用可能性を確認する方法は特段指定されていません。GPS 受信機（主に小型機用）に備えられた機能を使用する他、① 国発行の RAIM NOTAM、② 国によるインターネット RAIM 予測サービス、③ 民間サービスプロバイダー提供 RAIM 予測サービス、④ GPS 受信機メーカー提供 RAIM 予測プログラム等の利用が考えられます。

①　国発行の RAIM NOTAM

　　RAIM ノータムは、エンルート、ターミナル（SID、STAR、Transition）および進入方式それぞれにおける GPS 利用に対して、5 分を超えて RAIM が使用不可能と判断される場合に、ユーザーに対してその旨周知するものです。

　　図 4.6 は、進入方式に対する RAIM ノータムの例です。

```
221457 RJAAYNYX
(4159/12 NOTAMR 4143/12
Q) RJJJ/QGAXX/IV/NBO/A/000/999/4247N14142E005
A) RJCC B) 1210221456 C) 1210251500
E) GPS RAIM OUTAGES PREDICTED FOR APCH AS FLW,

1210230650/1210230705
1210250640/1210250655)
```

図 4.6: RAIM ノータムの例

　この例の場合、新千歳空港において、進入に供するレベルの性能を前提とした RAIM の利用ができなくなることが予想されています。その時間帯は、「2012 年 10 月 23 日 15 時 50 分〜16 時 05 分」および「同月 25 日 15 時 40 分〜15 時 55 分」です（時刻は JST）。

　わが国の RAIM ノータムにおいては、下記条件を想定して RAIM 利用可能性が予測されています。

> **SA（Selective Availability）：　オン**
>
> SA とは、GPS を管理運用する米国が、敵対勢力による高精度な測位を阻止するために、意図的に精度を劣化させていた機能です。現在、SA は解除されています。しかしながら、実際に飛行している航空機には、SA をオンと想定して RAIM 利用可能性を計算するものがあります。このような機体に対しても適切な RAIM 予測情報を提供するため、SA オンとして計算された予測情報が提供されています。

> **Baro-Aiding：　なし**
>
> Baro-Aiding とは、RAIM において、気圧高度計の情報を組み合わせて活用する機能です。これにより、より少ない衛星によって RAIM を行うことが可能になります。しかしながら、RAIM ノータムは Baro-Aiding のない航空機も対象とすることから、より保守的な予測を行うため、Baro-Aiding はないものとして計算が行われます。

> **マスクアングル：　5°**
>
> すなわち、仰角 5° よりも低い位置にある衛星は、たとえ水平線よりも上にあっても、見えないもの

　　　　とみなされます。

　　➤　**RAIM の機能 ：　FD（Fault Detection）**

　　　　すなわち、5 個以上の衛星が見えるかどうかの判
　　　　定を行っています。

　なお、RAIM ノータムの発行は、ICAO 加盟国に対して
課された義務とはなっていません。むしろ世界的には、
RAIM ノータムを発行している国は少数派です。このた
め、海外に飛行する場合には、これ以外の手段（主に③
の民間プロバイダーによるサービス）を利用する必要が
あるでしょう。

② 　国によるインターネット **RAIM** 予測サービス

　現在航空局は、インターネット上で RAIM 予測サービ
スを提供しています。**図 4.7** は、国土交通省航空局提供
GPS RAIM 予測サービスのログイン画面です。

（URL: https://raim-japan.mlit.go.jp/）（要登録・無料）。

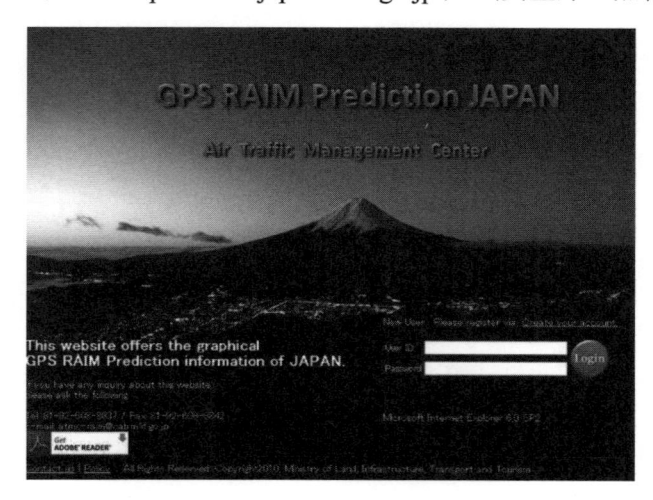

図 4.7: GPS RAIM Prediction Japan ログイン画面

　RAIM ノータムでは、1 本のノータム上であらゆる航
空機を網羅する必要がありました。このため、SA オン、
Baro-Aiding なし等、より保守的な想定をおく必要があり
ました。一方、インターネット RAIM 予測サービスでは、
ユーザーがこれらの条件を選択することができます。選
択できるパラメーターは以下のとおりです（いずれもユ
ーザーが選択可）。

> **SA :** 　　　　　オンまたはオフ
> **Baro-Aiding :** 　　有または無
> **マスクアングル :** 　2° または 5°
> **RAIM の機能 :** 　　FD または FDE

③　**民間サービスプロバイダー提供 RAIM 予測サービス**

　フライトプランシステムを提供する会社には、付加サ
ービスとして RAIM 予測を提供しているものもあります。
その大きなメリットは、立案した飛行計画において
RAIM 使用不可能とされた場合、自動的に警告が発せら
れるというものです。すなわち、自ら個別にノータムを
チェックしなくても、問題がある場合にシステムの方か
らその旨教えてくれるわけです。毎日数多くのフライト
を運航する航空会社にとっては、非常に有用なツールと
いえるでしょう。

④　**GPS 受信機メーカー提供 RAIM 予測プログラム**

　その他，GPS 受信機メーカーは，RAIM 予測のための
プログラムを提供し，ユーザー側で RAIM 予測が可能と
なっています。このプログラムによれば，それぞれの受
信機の仕様（SA オン/オフの別、マスクアングル等）に
応じたきめ細かい予測が可能です。

4.4.4 WGS84

　一般に、位置を座標（緯度経度等）によって示すためには、座標系の原点や座標軸の方向を決める必要があります。地球上の位置を表すためにも同じことが必要になります。このような、「地球上の位置を座標で表すための基準となる条件」を測地系（Geodesic System）とよびます。測地系は様々なものがあり、GPS が一般に利用される前には、各国がそれぞれ、測量しやすいように測地系を決めていました。

　一方、GNSS による測位は、WGS84（World Geodesic System 1984: 世界測地系-1984）座標系の使用を前提としています。このため、GNSS に基づいて航法を行う場合、全ての位置座標は、WGS84 に基づいて表示されていなければなりません。すでに 1998 年 1 月 1 日より、航空機運航の世界においては、WGS84 による座標が使用されています（導入の遅れている一部の国を除く）。

　従来わが国においては、日本測地系（以下、「旧日本測地系」という）とよばれる測地系が使用されていました。これは旧東京天文台を基準としていたため、Tokyo Datum ともよばれます。しかしながら、GPS 測位等には適さなかったため、1998 年 1 月 1 日より、航空路誌（AIP）上では、旧日本測地系に加え WGS84 による座標が併記されるようになりました。さらに、2004 年 4 月 1 日の測量法改正により WGS84 座標と旧日本測地系座標の併記が終了し、現在、AIP 上では WGS84 による座標のみが記載されています。

　現在、RNAV システム等に搭載されている航法用データベースの内容は WGS84 に基づいているので、通常、パイロットが心配することは何もありません。しかしながら、古い地図とハンディ GPS 受信機の組み合わせで登山を行うような場合、受

信機が示した場所と地図上の場所がズレてしまい、道を誤る原因となります。また世界には、WGS84 による位置情報の公示が完璧でないと思われる国もあります。このような地域においては、WGS84 座標系による表示と局地座標系による表示が混在していたり、WGS84 に移行したつもりでもその値が誤っていたりすることがあります。そのような場合、機上側でマップシフト等の不具合が生じる可能性があります。

　もちろん、GNSS によって測位する際に、FMS 内の NavDB の位置情報が局地座標系に基づいていたのでは困ります。その問題の程度を、**表 4.3** と **図 4.8** を使用して説明します。**表 4.3** は、大阪国際空港 RWY32R 滑走路末端の座標を、WGS84 と旧日本測地系とで表した値を比較したものです。このように両者は、北緯・東経とも約 2 分、距離にして約 443m の差が生じることになります。

表 4.3: WGS84 と Tokyo Datum の差

測地系	座標
WGS84（世界測地系）	N34° 47′ 01.02″ E135° 26′ 34.11″
Tokyo Datum （旧日本測地系）	N34° 46′ 49.34″ E135° 26′ 44.21″
差 （Tokyo Datum から WGS84 へ）	北緯 −11.68″ / 東経 ＋10.10″ 144° の方向へ約 443m

注:　WGS84 から Tokyo Datum への変換は、国土地理院提供の変換プログラム「Web 版 TKY2JGD Ver.1.3.79 パラメーター Ver.2.1.1」に従った。本プログラムは、インターネット上にて公開されている。
　　　URL:　http://vldb.gsi.go.jp/sokuchi/tky2jgd/

　この相違を地図上で図示すると、**図 4.8** のようになります。すなわち、GPS にて飛行する場合に、誤って Tokyo Datum の値

を使用していると、航空機は、パイロットが所望する地点（実際の滑走路末端（A））ではなく、登録された地点（B）に向かってしまいます。IMC の状況で RNAV (GNSS) RWY32R を行っていて、気が付いたら地点（B）に向かっていた、という状況は非常に危険です。同様に、登山中の 400m の誤差は、登山者が本来とは異なる尾根に自分がいると誤認させる要因にもなり、遭難の原因となりかねません。

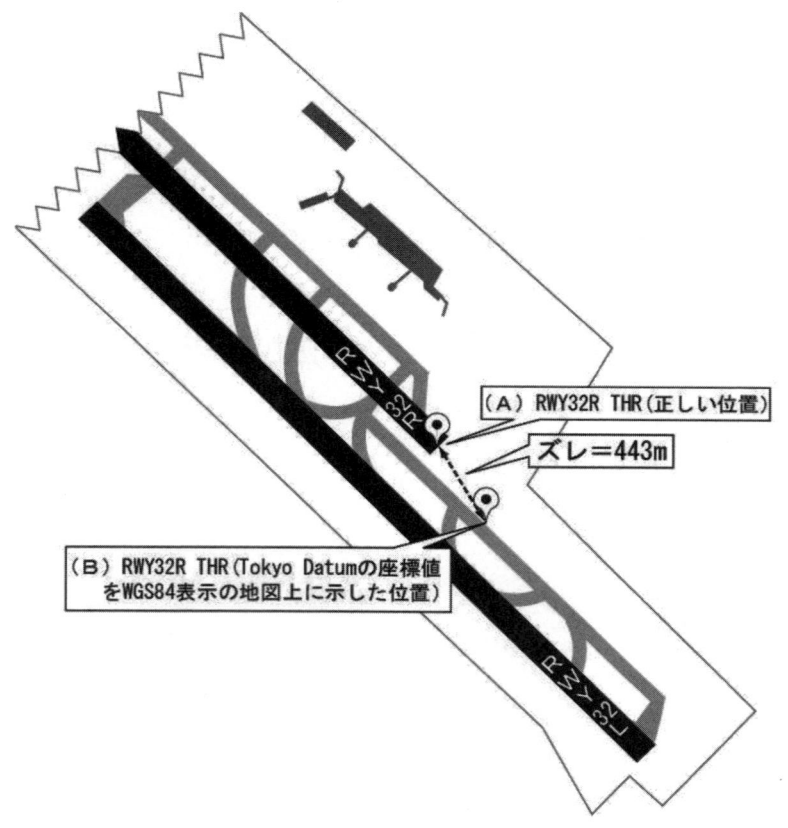

図 4.8: WGS84 と Tokyo Datum の座標の差異

4.5　INS と IRS（IRU）

　INS（Inertial Navigation System: 慣性航法装置）と IRS（Inertial Reference System: 慣性基準装置）は、ともに機上装置だけで自機位置を計算するシステムであり、DME や GPS 等、外部からの信号を必要としません。その意味において、双方とも自蔵航法システムとよばれます。

　具体的には、出発前に空港のゲート（スポット）等で当該位置の緯度・経度を入力し、その後の航空機の加速度を積分して速度（ベクトル）を、そしてもう一度これを積分して現在位置を求めるというものです。

　GPS が実用化される以前において、INS は地上の航行援助施設を利用できないような洋上飛行において不可欠なシステムでした。

　従来は機械式ジャイロを利用した INS が利用されていましたが、現在はレーザージャイロを利用した IRS が主流となっています。IRS は、単独で使用されるよりも FMS に組み込まれてセンサーの一つとして活用されることが多く、このような文脈においては通常 IRU（Inertial Reference Unit: 慣性基準ユニット）ともよばれます。

　外部からの信号を必要としないという点で非常に便利な INS/IRS ですが、加速度から位置を計算するときの誤差が時間とともに蓄積され、すなわち時間に比例して精度が落ちるという特徴があります。ICAO PBN マニュアルにおいても、15 分あたり 2NM の割合で誤差が増加することを想定しています。ここで注意する必要があるのは、誤差は飛行距離ではなく時間に比例するというものです。もちろん、地上走行中や、停止中であっても誤差が徐々に大きくなってゆきます。見方を変えれば、

速度が小さいほど、誤差の拡がりは大きくなるといえます（**図 4.9** 参照）。

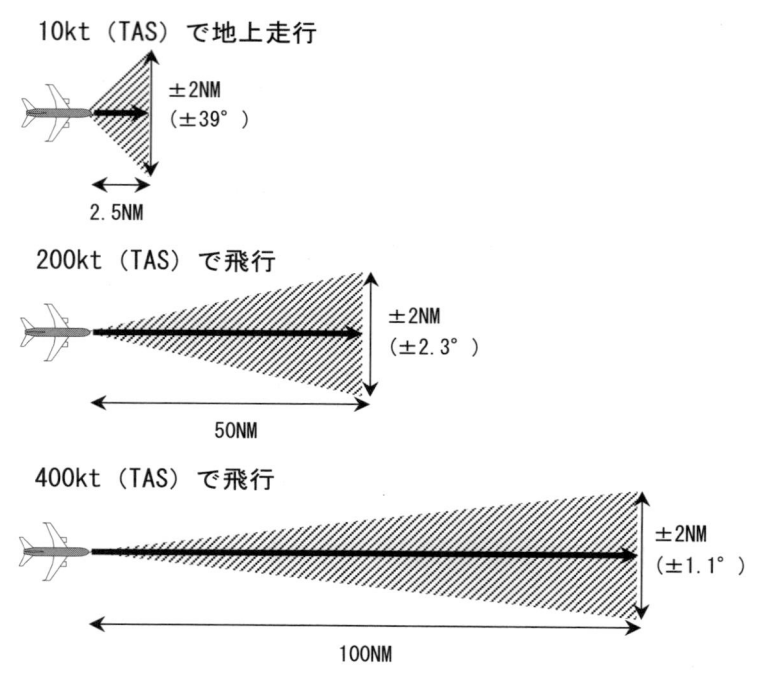

10kt（TAS）で地上走行

±2NM
（±39°）

2.5NM

200kt（TAS）で飛行

±2NM
（±2.3°）

50NM

400kt（TAS）で飛行

±2NM
（±1.1°）

100NM

図 4.9：IRU による誤差の拡がり（飛行時間=15 分）

　このような性質のため、INS や IRS による飛行は、無制限に行えるわけではなく、連続使用可能な時間等が定められています。RNAV1 や RNAV5 等においては、適切な DME/DME の組み合わせが利用できない区間（DME 間隙）について、IRS(U) 等によりこれを飛行することが認められていますが、その距離に関する方式設定上の最大長の目安が定められています。この目安は、RNAV1 に関しては、飛行方式設定基準　第 III 部第 6

編第 1 章 1.7.1 に、RNAV5 に関しては、同第 2 章 2.7.1 に示されています。ただしこれらはあくまで方式設定上の目安であり、運航者が、ここに示された DME 間隙最大長（目安）を超えて飛行することを妨げるものではありません。逆に、非常に低速で飛行する場合には、この目安よりも短い距離であっても、必要な航法精度を満足できなくなることもあります。INS、IRS（U）の使用限界は、この「目安」を適用するのではなく、運航者自らが定めるべきものです。

　なお航空法上、INS や IRS は、航法装置としてではなく、「航空士（Navigator）に代わるもの」として位置付けられています（航空法第 66 条および航空法施行規則第 157 条の 2）。

第II部 RNAV を支えるもの

　　RNAV を安全に適用するためには、それ相応の仕組みが必要です。もちろん、飛行方式設計も重要ですし、RNAV の場合は、設定公示された飛行方式の航法用データベースへのコーディングの持つ意味合いも、既存航法の場合と異なってきます。第 II 部では、RNAV を適切に運用するための舞台裏を紹介します。

第 5 章　RNAV 飛行方式の設計

　本章では、RNAV 飛行方式、すなわち RNAV による進入・出発方式等の設計の概要について説明します。最初に強調したいのは、飛行方式設計に係る基本的な考え方が、既存航法による飛行方式すなわち VOR 等の地上施設を使用した飛行方式と RNAV 方式とで共通だという点です。本章では、RNAV、特に PBN に基づく飛行方式の設計に固有な点を中心に話を進めます。

　このような考えに基づき、まず、航法仕様（RNAV 航行許可基準）と飛行方式設定基準の関係について説明します。その上で、設計に適用される各種ルールについて触れたいと思います。

　なお、RNAV 飛行方式を設計する上で、そのデータベースコーディングに使用されるパスターミネーターの概念が重要になってきますが、パスターミネーターに関しては、第 6 章 6.2 節を参照願います。

5.1　航法仕様と飛行方式設定基準の関係

　第 1 章でも述べたとおり、航法仕様は、飛行方式設定基準の前提となるものです。飛行方式設定の基準を開発する立場から見ると、航空機の航法精度や機能が航法仕様に準じていると保証されているからこそ、そのような性能に基づいた設定基準を策定することができるのです。

　航法仕様と飛行方式設定の基準の関係を、ICAO レベルおよび日本レベルで対比させたものが**図 5.1** です。ICAO においては、航法仕様は PBN マニュアル（Doc 9613）に、飛行方式設

定の基準は PANS-OPS Vol. II（Doc 8168）に定められており、この両者は相互に関係しあっています。

　日本の規程類は、世界調和の観点および航空法の精神から、ICAO の規程に基づいて定められています。ここで、航法仕様を定める RNAV 航行許可基準すなわち「RNAV 航行の許可基準及び審査要領」（平成 19 年 6 月 7 日付　国空航第 195 号・国空機第 249 号）は PBN マニュアルに、そして飛行方式設定の基準すなわち「飛行方式設定基準」（平成 18 年 7 月 7 日付　国空制第 111 号）は、PANS-OPS Vol. II に準じて定められています。

　そしてお分かりのとおり、RNAV 航行許可基準と飛行方式設定基準は、相互に関係しあっています（図 5.1 参照）。

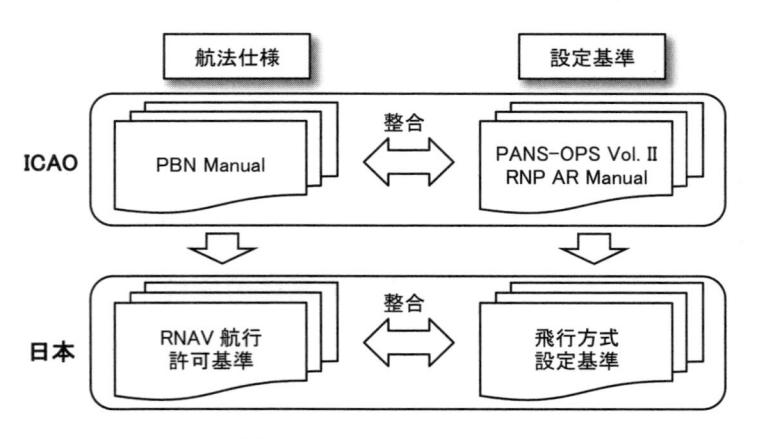

図 5.1: ICAO 規程類と日本の規程類の対応関係

　さて、航法仕様と飛行方式設定基準の関係を、より詳細に示したものが次の図 5.2 です。

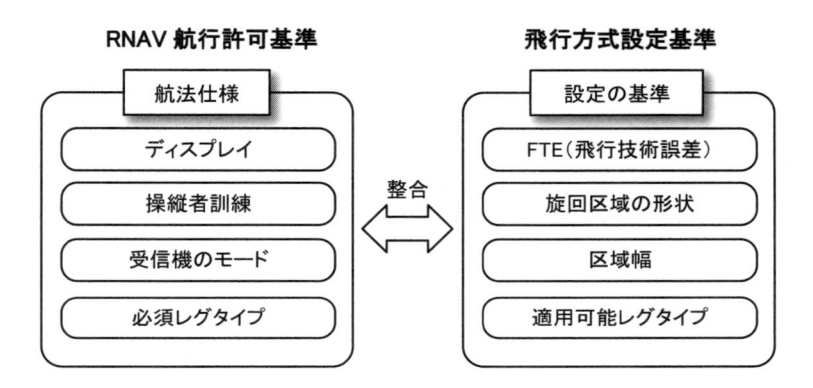

図 5.2: 航法仕様と飛行方式設定の基準の対応関係

　航法仕様と設定基準の各要素は一対一で対応しているわけではありませんが、密接な関係にあります。以下は、そのような航法仕様の要素の例です。

① ディスプレイ

　ディスプレイの種類や感度は、飛行技術誤差（Flight Technical Error）すなわち航空機が定義したパスからの自機のズレの大小に影響します。例えば、CDI（Course Deviation Indicator）しかないのと、FD（Flight Director）があるのとでは、コース追従性が異なってきます。そしてこの相違は、飛行方式設定における区域幅の大小に影響を及ぼします。

② 乗組員訓練

　同じ機材で同じフェーズを飛行しても、RNP AR 進入では、RNP 進入よりも狭い保護区域が適用できます。これは、単に航空機の性能がよいからだけではなく、航空機乗組員に対して様々な訓練が課されているためです。

③ 受信機のモード

　　GPS受信機等は、飛行のフェーズ（ARPからの距離等）
により、エンルート、ターミナル、アプローチとモード
が切り替わり、これに伴ってディスプレイの表示等が変
化します。飛行方式設定上も、この変化に対応し、フェ
ーズによって飛行方式の保護区域の幅等が異なります。

④ 必須レグタイプ

　　FMS航法用データベースの規格を定めるARINC424に
は多くのレグタイプ（パスターミネーター）が定められ
ていますが、全ての航空機がこれを使用できるわけでは
ありません。一方、航法仕様には、それらのうち「この
レグタイプが使用可能であること」との要件が定められ
ています。飛行方式設計上は、これら要求された（すな
わち航空機が使用可能であると保証されている）レグタ
イプのみを使用して方式を設定します。

5.2　ウェイポイントと旋回区域

　RNAV飛行方式の設計の基本は、ウェイポイントからウェイ
ポイントへとレグ（パス・区間）をつないでゆくことです。も
ちろん一つのレグがウェイポイント以外の区切り（例えば旋回
開始高度）で終了することはありますが、基本はウェイポイン
トからウェイポイントへ、大圏（地球面上の直線）でつなぐこ
とです。ウェイポイントは、FMS NavDB 中に登録されており、
その位置は全て緯度経度で定義されています。

　あるレグからあるレグの間に旋回が存在する場合、フライバ
イとフライオーバーの 2 種類の旋回方法があります（**図 5.3**
参照）。またこれらの旋回点に位置するウェイポイントは、そ

れぞれフライバイウェイポイントおよびフライオーバーウェ
イポイントとよばれ、チャート上のシンボルも異なります。

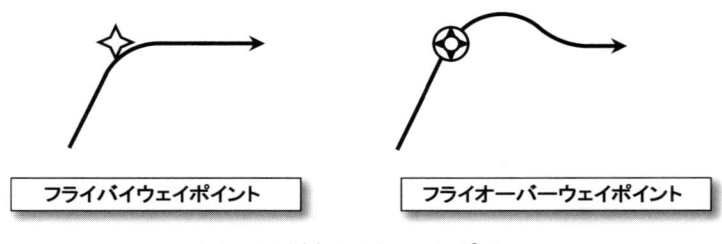

フライバイウェイポイント　　　　フライオーバーウェイポイント

図 5.3: 2 種類のウェイポイント

　フライバイウェイポイントでは、当該ウェイポイント前後の
レグに内接するように飛行します。特にフライオーバーとする
必要がない限り、フライバイウェイポイントが使用されます。
旋回半径の大きさや旋回開始点は、**RNAV** システム（FMS）が
計算します。また旋回半径は、航空機の速度、風、バンク角等
によって異なります。このため、同じ経路上を飛行していても、
旋回半径は航空機やそのときの状況によって異なることにな
ります。

　一方、フライオーバーウェイポイントの場合、航空機は、当
該ウェイポイントの通過を認識してはじめて旋回を開始しま
す。フライオーバーウェイポイントは、障害物回避や騒音回避
のためにある地点まで旋回させないことが重要な場合や、進入
復行点に使用されます。

　フライバイウェイポイントとフライオーバーウェイポイン
トでは、旋回部分を保護する区域の形状も異なってきます（**図
5.4** 参照）。

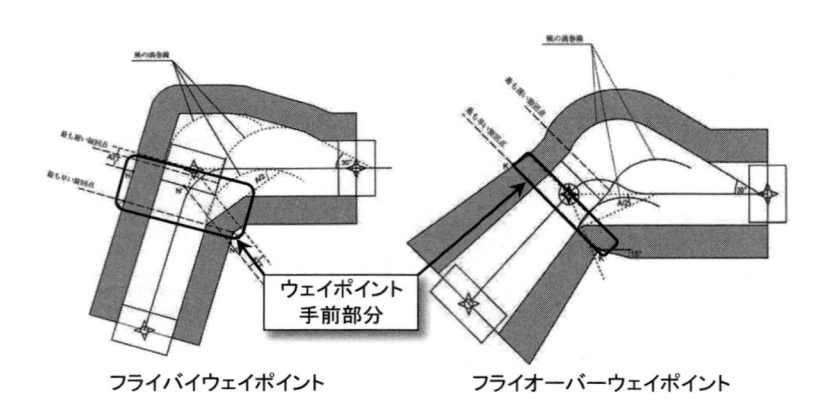

フライバイウェイポイント　　　　フライオーバーウェイポイント

図 5.4: 旋回区域の比較
[飛行方式設定基準　図 III-2-2-2,3 より]

　図に示されるとおりフライバイウェイポイントでは、ウェイポイントの手前から旋回を開始するので、ウェイポイント手前部分の区域を広く保護する形状になっています。

　フライバイウェイポイントやフライオーバーウェイポイントでの旋回の他、「RF 旋回」とよばれる旋回があります。これは、あらかじめ固定された半径を有する旋回パス上を飛行するものです。RF 旋回に関しては 6.2.3 項を参照願います。

5.3　XTT・ATT・区域半幅

5.3.1　概説

　RNAV も含め、飛行方式の設定において、障害物を考慮すべき区域の策定は、非常に重要なステップです。そして、区域の大小は、最低気象条件等に影響をおよぼす重要な要素です。本節では、保護区域の幅を定める要因について説明します。なお、今後航法センサーは GNSS 中心に移行していくことと考えられ

ることから、ここでは主に GNSS（SBAS LP/LPV や GBAS（GLS）を除く）に関して説明します。

　十分注意していただきたいのは、RNP AR 進入を除き、保護区域の幅は、単純に「航法精度（RNP 値）の 2 倍」というような形で決まるわけではないという点です。

　RNAV 方式に係る区域の基本的な考え方は、「各ウェイポイントにおいて XTT（横断方向許容誤差）に基づき区域半幅を決め、当該区域半幅を接続して区域を作成する」というようなものです。本節では、区域半幅に加え、XTT や、その他区域描画において重要な ATT（航跡方向許容誤差）についても説明します。

5.3.2　XTT・ATT および区域幅

　RNP AR 進入を除き、RNAV 飛行方式の区域半幅は、次式によって決まります。

$$区域半幅 = 1.5 \times XTT + BV$$

BV: Buffer Value（バッファー値）

　この関係を図示し、RNP 進入の初期進入セグメントに係る数値を挿入したのが図 5.5 です。

　既存航法の場合と同様、区域全体は、一次区域と二次区域に区分されます。このうち二次区域（外側の網掛けの区域）においては、外に向かうほど必要な最小障害物間隔（MOC）が小さくて済みます。

　ここで、RNP 航法仕様の場合、XTT は RNP 値に等しくなります。これは、2σ（約 95%）の確率に相当するものです。その 1.5 倍である $1.5 \times XTT$ は、3σ（約 99.7%）に相当するものであり、この 3σ に基づく考え方は既存航法の場合と整合した

ものとなっています。

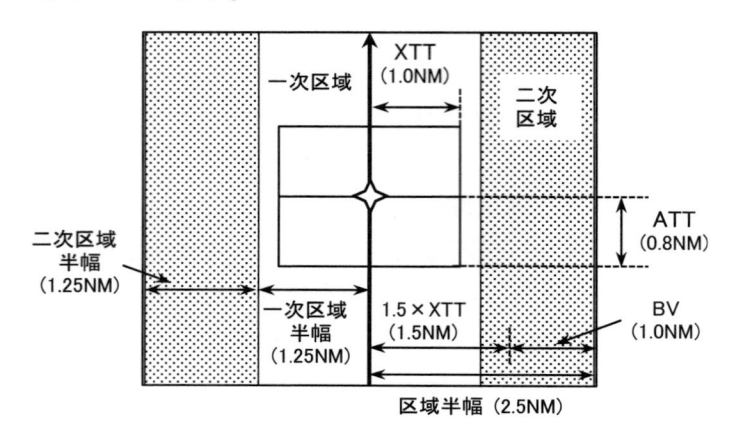

図 5.5: XTT・ATT・区域半幅: RNP 進入（初期進入）

　区域半幅の計算においては、この 1.5×XTT に対して、さらにバッファー値（BV: Buffer Value）が加算されます。BV の値は航法センサーの種類によらず、固定翼機（Cat A〜E）か回転翼機（Cat H）かの別と、飛行フェーズによって定まります。固定翼機の場合、BV の値は、0.5NM（SID・進入復行のうちARP から 15NM 以内および最終進入）、1.0NM（ARP から 15NMを超えて 30NM 未満）、2.0NM（ARP から 30NM を超える範囲）と変化します。

　なお、GNSS 受信機の場合の ATT の値は、XTT の値を 0.8倍したものと決められています。すなわち、RNP0.3 相当の区間において、ATT は 0.24NM（＝ 0.3NM×0.8）となります。

5.3.3　区域幅の異なる区間の接合

　区域幅の異なる区間を接合する場合の作図方法は、幅の広い区間から幅の狭い区間へ移行する場合と、その逆とで異なります。

　幅の広い区間から幅の狭い区間へ移行する場合、外側にある
二次区域を 30° で収束させます。一方、幅の狭い区間から幅の
広い区間への移行にあっては、二次区域境界線を 15° で拡げま
す。また、いずれの位置にあっても、一次区域と二次区域の比
率が 50%ずつになるように、一次区域境界を決定します。

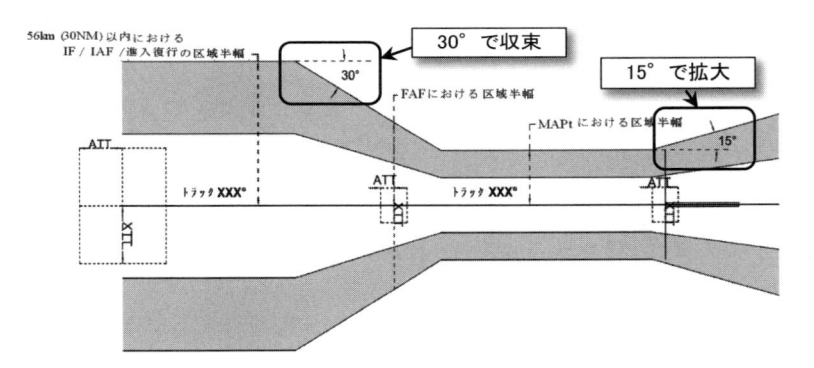

図 5.6: 幅の異なる区域の接合
[飛行方式設定基準　図 III-3-3-2 より]

　なお、RNP AR 進入においては、このような収束による作図
を行いません。

5.4　最小セグメント長

　あるウェイポイントから次のウェイポイントに至るまでの
距離が短すぎたり、急旋回が続いたりするような経路の場合、
FMS は十分に経路を追従できなくなります。極端な場合、
"Route Discontinuity" の表示が出てルートがつながらなくな
ることもあります。
　このため、飛行方式設計時においても、ウェイポイント間の

距離が十分であることを確認します。具体的には、各レグに対して、レグ始端および終端に位置するウェイポイントの種別（フライバイまたはフライオーバー）、旋回角、速度、バンク角等から、当該レグに必要な最小セグメント長（Minimum Segment Length）を求め、設計しようとしている経路がこの最小値を満足していることを確認します（**図 5.7**参照）。

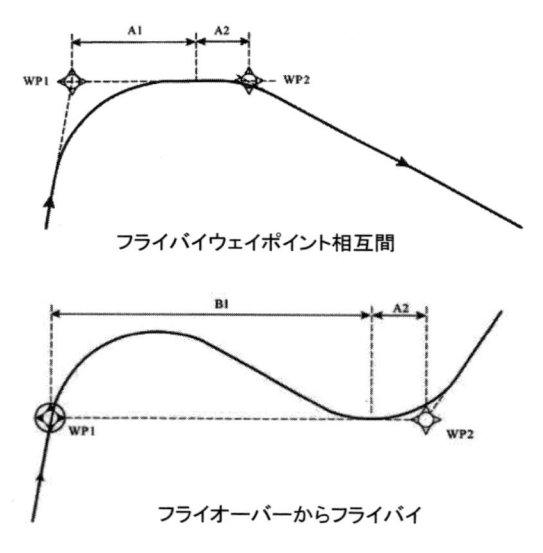

フライバイウェイポイント相互間

フライオーバーからフライバイ

図 5.7: 最小セグメント長
[飛行方式設定基準　図 III-2-1-2, 5]

　この計算に適用されるパラメーターは、必ずしも実機のものとは一致しません。このため、最小セグメント長によるチェックだけでは不十分で、フライトシミュレーター等による検証が必要になることもあります。ちなみに、計算に使用されるバンク角は、SID および進入復行においては 15°、進入方式（進入復行以外）は 25° です。

　なお、RNP 進入および RNAV 進入の初期進入に適用される T 型／Y 型配置において、その初期進入・中間進入セグメント長は 5NM が標準ですが、この 5NM の値は通常必要な最小セグメント長の値を満足するものとなっています。

5.5　Baro-VNAV 方式の設定

　Baro-VNAV 方式の飛行は、垂直方向ガイダンスが利用可能であるという点や、パイロットの操縦の観点からは、精密進入に近いものであるといえます。このため Baro-VNAV 方式の設計は、非精密進入の場合と大きく異なります。むしろ、ILS 進入に近いともいえます。具体的には、ILS 進入の精密セグメントのように、OAS（Obstacle Assessment Surface: 障害物評価表面）を設定し、OAS から突出する障害物の有無を確認します（**図 5.8 参照**）。そのうえで、突出する障害物に対してマージンを加算し、OCA/H（障害物間隔高度／高）を算定します。

　Baro-VNAV 方式は、RNP 進入（およびレーダー空港において設定されている RNAV 進入）において、非精密進入と併せて公示される形をとっています。2019 年 9 月現在、わが国においては、Baro-VNAV の DA（LNAV/VNAV ミニマ欄の DA）は、非精密進入としての MDA を下回ってはならないというルールになっています（飛行方式設定基準　第 V 部第 7 章　7.2 項）。これは、わが国においてはまだ飛行方式設定に必要な障害物データの維持管理の仕組みが完備されていないことに起因します。すなわち、非精密進入 MDA を下回るような DA（最小で DH=250ft）を設定する上では、障害物データの信頼性を担保する仕組みが必要ですが、その仕組みが現時点でまだ十分とはいえないというものです。この状況は将来、障害物データの定期

的更新の仕組みが整備された際に解消され、DA/H の引き下げが可能となるものと期待されています（飛行方式設定基準　第 I 部第 6 編第 3 章　3.8 項）。

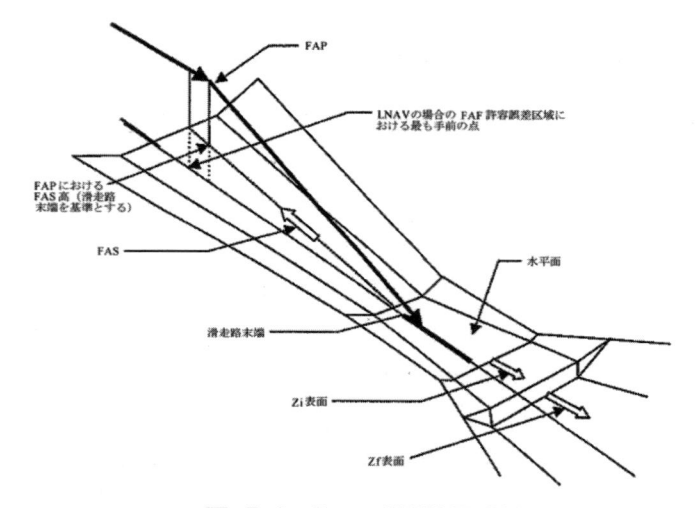

図 5.8: Baro-VNAV 用 OAS
[飛行方式設定基準　図 III-3-4-3]

5.6　航法用データベースコーディングとの関係

　RNAV によるターミナル方式（SID、STAR）や進入方式は、ARINC424 のルールに従ってコーディングされ、NavDB（航法用データベース）に登録されます。

　FMS はコンピューターシステムの一種であり、他のシステムの例にもれず、柔軟性に欠けます。このため、飛行方式設計においても、ARINC424 のルールから逸脱するような方式、あるいは ARINC424 が想定しないような方式は、うまくコーディン

グされないことがあります。さらに FMS によっては、ARINC424 のルール（例えばパスターミネーターの種類）の一部しか取り込んでいない、あるいは、古いバージョンの ARINC424 にしか合致していないということも珍しくありません。

このため、飛行方式設計者は ARINC424 のルールや対象機材の FMS の特性をよく理解し、コーディング可能な RNAV 飛行方式を設計する必要があります。データベースコーディングについては、第 6 章にて詳しく解説します。

5.7　既存航法との共通点

本章ではこれまで RNAV 飛行方式の設計に適用される基準の概要について説明してきました。かなり大雑把な言い方ではありますが、ここまで述べてきたようなポイント以外に関して、RNAV 飛行方式の設計に適用される基準の多くは、既存航法の場合と共通です。

まず、障害物との間隔の確保に係る規定は、基本的に既存航法も RNAV 飛行方式も共通です。これは、高度計等の計器に差異がないこと、上昇性能等は RNAV と既存航法とで差がないことに起因するといえます。このため、各セグメントで適用される最小障害物間隔（MOC: Minimum Obstacle Clearance）の値や最低 OCH は、両者共通です。SID の場合の MOC の考え方（MOC = 距離の 0.8%）も共通です。

また、降下率に関する運用限界も RNAV だからといって変化するわけではありませんので、最大降下勾配の値も同じです。

5.8　フライアビリティに関する留意事項

　フライアビリティの確保が重要なことや、ワークロードが過大にならないように留意すべき点も既存航法と同じです。しかしながら、フライアビリティに関しては、RNAV 飛行方式の方が敏感な問題となります。なぜなら、ターミナルや進入方式において RNAV を行う場合、FMS を LNAV モードで使用し、オートパイロットによって飛行することが基本となるからです。

　既存航法の場合、FMS がうまく飛行方式をなぞることができなくても、パイロットが修正しながら飛行を継続することができます。しかしながら RNAV の場合はこのような修正が認められません。極端な場合、FMS がギブアップして、"Route Discontinuity" と表示されてパスがつながらないままになってしまうことがあります。このようなときにも、CDU 上で経路を修正したり、ヘディングモードに切り替えて飛行したりすることは制限されます。

　このような理由から、RNAV 飛行方式においては、フライアビリティに関して既存航法の場合よりも緻密な検証が必要になります。このため、フライアビリティの検証は、飛行検査機を用いた実機検証に加え、シミュレーター等による検証が必要になることもあります

第6章　航法用データベース

　RNAV において、飛行方式（特に SID、STAR および IAP）は、あらかじめ航法用データベース（NavDB: Navigation Data Base）に登録され、FMS 等の RNAV システムに格納されている必要があります。パイロットは CDU（Control & Display Unit）上で所望の方式を選択し、それを実行します。これにより、パイロットがウェイポイントを呼び出して経路を構成したり、あるいは緯度経度そのものを手入力して経路を作成する手間を省きます。

　一方、飛行方式を NavDB に登録する際には、ARINC424（後述）とよばれる国際規格に従って記号化されます。この記号化をコーディングとよびます。本章では、RNAV 飛行方式を FMS NavDB に登録する際の記号化すなわちコーディングの方法について説明します。

　なお、本章においては主として SID（転移経路含む）、STAR および IAP のコーディングについて説明します。NavDB の文脈においては、これらの飛行方式をまとめてターミナル方式（Terminal Procedure）とよぶことがあります。エンルート RNAV 経路や航空路を FMS NavDB に登録する際にも ARINC424 のルールに従ってコーディングがされますが、その方法は、ターミナル方式と比べてシンプルであり、本書では割愛させていただきます。

6.1　ARINC424

6.1.1 ARINC と ARINC424

　ARINC424 は、AIP に収録される航空情報を NavDB 用のデータとする際の、記号化のルールを定めた規格です。ARINC424 は、ICAO の定めた標準でもありませんし、これ以外の規格に従うことも不可能ではありません。しかしながら、ARINC424 は NavDB コーディングルールのデファクトスタンダードとなっており、これ以外の規格による NavDB を使用するような FMS は見当たりません。ARINC424 のような共通規格を使用することによって、コーディングされた航空情報（飛行方式に関するものに限らない）の有効活用が図られ、加工プロセスの標準化が可能となっています。

　ARINC424 は、ARINC（Aeronautical Radio Inc.）により発行されています。ARINC は、アメリカ・メリーランド州に本社を置き、主に航空、運輸、防衛、行政分野において情報通信業務とシステムエンジニアリング業務を行うサービスプロバイダーです。特に、航空分野においては、各種システム等のユーザー、製造者等により構成される AEEC（Airline Electronic Engineering Committee：航空電子技術委員会）を設置し、AEEC およびその下に属する部会（Sub Committee）やワーキンググループにおいて、航空関連の様々な規格（Characteristics）、仕様（Specification）等を作成しています。ARINC 424（タイトル：Navigation System Data Base）は多数ある ARINC 技術文書のうち、FMS 等の航法システム用データベースに係る仕様を定めた文書です。

　なお、ARINC 424 Specification の改訂のための検討は、AEEC の"Navigation Data Base（NDB）Working Group"にて行われています。当該ワーキンググループには、FMS 製造者、航空機製

造者、データサプライヤー、航空会社等が参加しています。

　現代においては、NavDB、アビオニクス、チャート、飛行方式設計等の分野間の調和が重要となってきています。このため、PANS-OPS の改訂を議論する ICAO IFPP にも、AEEC NDB WG 選出のメンバーが参加しています。

6.1.2 ARINC424 が定めるもの

　ARINC424 は、NavDB に登録すべき内容に関して、「何について」、「どの属性を」、「どのような形式で」表現するかを定めます。

①　何を登録するか

　　NavDB は、航法に使用される一切のデータといってよいほど、AIP の内容を網羅しています。ターミナル飛行方式の他、NAVAID、エンルート経路、飛行場（標点）、滑走路等、多様なデータが登録可能であり、これらの情報を登録するための規格が ARINC424 に規定されています。ターミナル飛行方式やエンルート経路の構成要素となるウェイポイント（フィックス）も登録対象です。

　　ARINC424 の目次中、4.0 章の項目（4.1.2（VHF Navaid）、4.1.3（NDB Navaid）、4.1.4（Waypoint）…）を見ると、いかに多くの種類のデータが登録対象になっているかがわかると思います。

　　なお、ARINC424 に従って作成された NavDB はリレーショナル・データベースとなっており、データベース内のデータは、相互に参照・活用され、同じ情報の重複登録を避ける形になっています。例えば、進入方式は複数のウェイポイントを組み合わせて構成されていますが、進入方式のデータにおいて、各ウェイポイントの緯度経

度は登録されません。ウェイポイントの緯度経度はウェ
イポイントデータの表（Table）に記録されており、進入
方式データは、ウェイポイントデータ表の値を参照しま
す。

② どの属性をどのような形式で登録するか

　ある登録対象に対して、どの属性を登録するかも、
ARINC424 に定められています。ARINC424 の Section 4.0
Navigation Data – Record Layout には、各登録対象につい
て、その Primary Record（主たる部分）と Continuation
Record（補足的部分）に、どのような属性を登録するか
が一覧で示されています。例えば VHF NAVAID の項
（ARINC424 Section 4.1.2）では、Primary Record に、VOR
IDENT、周波数、VOR 緯度／経度、DME 緯度／経度等
の属性を登録することが規定されています（**表 6**.1 参照）。
この中には、オプションとして登録可能だが必ずしも必
須というわけではない属性も含まれています。

　表中、太枠で示した箇所は、VOR Identifier の登録に関
して規定する部分です。"Column" 列の "14 thru 17" は、
一連の VHF NAVAID データ中、VOR Identifier が Column
14 から Column 17 すなわち 14 文字目から 17 文字目を使
用して登録されることが示されています。また、Field
Name（length）列のカッコ内の "4" は、VOR Identifier
の登録のために（最大）4 文字使用されることを示して
います。そして、Reference 列の "5.33" は、VOR Identifier
の記載方法が、ARINC424 のセクション 5.33 に規定され
ていることを示しています。

表 6.1: ARINC424 4.1.2.1
(VHF NAVAID Primary Record) 抜粋

Column [カラム]	Field Name (length) [フィールド名（文字数）]	Reference [参照先]
1	Record Type (1)	5.2
（略）		
5	Section Code (1)	5.4
6	Subsection Code (1)	5.5
7 thru 10	Airport ICAO Identifier (4)	5.6
（略）		
14 thru 17	VOR Identifier (4)	5.33
（略）		
23 thru 27	VOR Frequency (5)	5.34
（略）		
33 thru 41	VOR Latitude (9)	5.36
42 thru 51	VOR Longitude (10)	5.37
（略）		

　次に、この参照先であるセクション 5.33 VOR/NDB
Identifier の項を開くと、今度は、この属性がどのような
データに使用されるかに加え、Alpha-numeric 形式（アル
ファベットと数字の組み合わせ）4 文字で記述されるこ
とが規定され、その例がいくつか記載されています。

　このように、AIP に示されるようなデータがどのよう
な形式で記述されるかが、ARINC424 に示されているの
です。

6.1.3 ARINC424 と PANS-OPS

　ARINC424 は、航空情報をデータ化する際のルールをまとめ
たものであり、その範囲は飛行方式にとどまりませんが、ここ
では、飛行方式に関連して、ARINC424 と PANS-OPS との比較

を行ってみたいと思います。ARINC424 では、パスターミネーター（後述）といった概念等を用いて、飛行方式を、シンプルな形の記号（コーディング）に置き換えてゆきます。FMS は、そのコーディングに示された内容に従い、また時には FMS 独自のロジックに従って、NavDB に示された飛行方式を飛行しようとします。

　ここで、飛行方式をコーディングする際には、実際のデータによって航空機が飛行する際に不具合が生じないよう、速度、バンク角等に関して一定の条件を想定します。一方、飛行方式設計にあたっても、様々な想定を立てて経路や区域を作図する必要があります。このため PANS-OPS においても様々なパラメーターが示されています。表 6.2 は、飛行方式設定と NavDB コーディングの間で、各種パラメーターやその他の考え方の相違を比較したものです。

表 6.2: パラメーター等の比較（方式設計と NavDB）

	飛行方式設計	NavDB コーディング
基準	飛行方式設定基準 （PANS-OPS Vol. II）	ARINC424
大前提	最も不利な状況	もっともらしい状況
操縦	CDI 等+マニュアル操縦	FMS による LNAV/VNAV
進入	進入復行をふまえたパス	着陸のためのパス
速度	飛行フェーズ/航空機区分別	210kt（対地速度）
バンク角	出発・進入復行: 15° 到着〜最終進入: 25°	25°
上昇勾配	出発: 3.3%（デフォルト） 進入復行: 2.5%（同）	500ft/NM（8.2%）

注: ARINC424 のパラメーターは、あくまでコーディング時に想定すべき値を示すものである。実際の飛行にあたり FMS が適用する値ではない。

　これを見れば、飛行方式設計は常に「最も不利な状況」を想定していて、実際の飛行からかけ離れた部分も多いことがわか

ると思います。例えば出発時のバンク角 15° というのは、実際にはめったにない値で、ARINC424 の 25° の方がもっともらしいでしょう。しかしながら、大多数の航空機がスムーズに飛べることを想定する ARINC424 と、経済性を最適化できなくとも、また、少々の不利益はあっても障害物間隔を通じた安全確保を旨とする飛行方式設計とでは、主旨が異なるのです。

　なお、ARINC424 のパラメーターは、あくまでコーディング時に想定すべき値を示すものです。実際の飛行にあたり FMS が適用する値ではありません。

6.1.4 ARINC424 に関する注意事項のまとめ

　本項では、ARINC424 に関して、特に飛行方式のコーディングに関連した注意事項を述べたいと思います。

　まず、ARINC424 はコンピューターに関わるルールであり、融通が利かない、すなわち、逸脱を許容しないという点に注意が必要です。その点、飛行方式設定基準や PANS-OPS は、必要に応じて、安全を確保したうえでルールから逸脱することが認められており、大きく異なっています。ARINC424 の場合、ルールに反したコーディングを行ってデータを作成した場合、通常は、データ作成途上において、コーディング用システムによってエラーとみなされ、先に進まなくなってしまいます。

　また、ARINC424 は、「ある機能を取り込む場合にはこの規格による」ことを示しているのであって、「○○の機能を有すること」といった、FMS の要件を示すわけではありません。例えば、後述するように飛行方式を NavDB 上で表現する上でパスターミネーターとよばれる記号が利用されますが、FMS は必ずしもこれら全てのパスターミネーター（計 23 種）を利用可能というわけではありません。

　また、もう一つ大きな注意事項として、ARINC424 は最新の
ものを参照すればよいというわけではないという点を挙げた
いと思います。現在飛行している航空機の FMS は、最新の
ARINC424 ではなく、その FMS が設計された段階での
ARINC424 に従って設計されています。このため、飛行方式を
設計する際に、最新の ARINC424 の高い機能性を想定しても、

実機がこれについて来られない
という問題が起こります。このた
め PANS-OPS および飛行方式設
定基準では、基本的に ARINC424
の第 15 版（ARINC424-15; 2000
年発行）を想定することとしてい
ます（Part III, Section 2, Appendix
to Chapter 5, para. 1.）。なお 2019
年 9 月時点において、ARINC424
の最新版は、ARINC424-22（2018
年発行）です。その他、FAA は、
ARINC424-18 に基づき自らコー

図 6.1: ARINC424

ディングした NavDB を "Coded Instrument Flight Procedure"
（CIFP）として公開しています。

6.2　パスターミネーター

6.2.1　パスターミネーターとは

　パスターミネーターは、チャートや文言で記された飛行方式
すなわち SID（Transition 含む）、STAR、IAP 等を、NavDB に
登録する際のコーディングにおいて使用される記号です。
　FMS は、LNAV モードでは NavDB に登録された飛行方式の

とおりに航空機を飛行させようとします。ここで航空機の挙動
は、使用しているパスターミネーターに強く影響されます。一
方、パスターミネーターは、飛行方式のコーディングの一部を
なすものですが、パスターミネーターだけで飛行方式を表現で
きるわけではありません。例えば、高度、旋回方向等は、パス
ターミネーターと密接に関係しながらも、これとは別の情報と
して NavDB に登録されます。

　なお、パスターミネーターの種類のことをレグタイプ（leg
type）とよぶこともあります。

6.2.2　飛行方式のコーディングの概要

　ARINC424 に従ってコーディングされたデータは、「レコー
ド」（record）と呼ばれる単位で登録されます。NAVAID の場
合、主たるレコード（primary record）一つに、補足部分
（continuation record）が組み合わさって、一つの NAVAID の情
報を登録します。飛行方式の場合は、これよりも複雑になり、
複数のレコードによって一つの飛行方式を表現します。このと
き一つのレコードは、ある一つのレグ（区間）に対応します。
つまり一つの方式は、複数のレグによって構成されます。

　一つのレグは、あるウェイポイントから次のウェイポイント
までとなるのが最も標準的なパターンですが、「あるウェイポ
イントから次の『高度での旋回開始』まで」や、「指定 DME
距離から（直行飛行を経て）次のウェイポイントまで」等、さ
まざまなケースが存在します。

　図 6.2 の例（SID）では、四つのレグにより、離陸から終点
（HAKSI）までの経路が構成されます。そして、各レグに対し
て一つのレコードが割り当てられます（この例では 4 つのレコ
ード）。

　そして、各レグ（レコード）に対して、パスターミネーター
が一つずつ割り当てられます。上記の飛行方式に対してパスタ
ーミネーターを割り当てると、以下のようになります。HAKSI
ONE RNAV DEP の、より詳細なコーディングについては後述
します（**表** 6.7参照）。

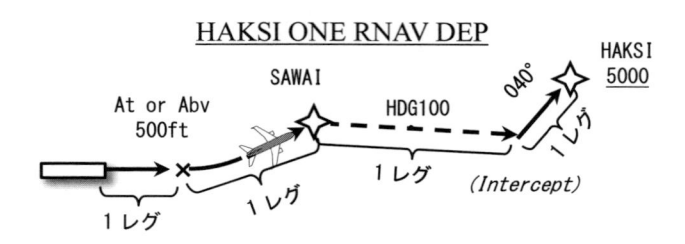

RWY09: Climb HDG 090° at or above 500ft, direct to SAWAI,
HDG 100° to intercept to HAKSI on course 040° at or above
5000ft.

図 6.2: レグの組み合わせと飛行方式

表 6.3: パスターミネーターの割り当て例

#	SID の文言記述	パスターミネーター
1	Climb HDG 090° at or above 500ft,	VA（指定高度までヘディング）
2	direct to SAWAI,	DF（次のウェイポイントまで直行）
3	HDG 100° to intercept	VI（次のレグに会合するまでヘディング）
4	to HAKSI on course 040° at or above 5000ft	CF（次のウェイポイントまで指定コースにて飛行）

注: コーディングにおいて、表の各行あたり 1 レコードが割り当てられる。

6.2.3 パスターミネーターの種類

　上記のようにパスターミネーターは2文字によって構成され
ますが、このうち1文字目は、「パス」すなわち当該レグの飛
行方法（コース、ヘディング等の別）を示すものです。一方、

2 文字目は「ターミネーター」すなわち当該レグの終了方法（別途登録されたウェイポイントに到達した時点か、指定高度到達時点か等）を示します。これらの一覧は、**表 6.4** のとおりです。表中左側は 1 文字目（パス）の一覧を、右側は 2 文字目（ターミネーター）の一覧を列記しています。また、両者を結ぶ線は、実際に ARINC424 において定義されているパスターミネーターの組み合わせを示します。

表 6.4: パスターミネーターの構成要素と組み合わせ

1 文字目（パス）		2 文字目（ターミネーター）	
文字	意味	文字	意味
A	DME アーク	A	高度
C	方位指定によるコース	C	フィックスからの距離
D	フィックスへの直行	D	DME 距離
F	フィックスからの方位（コース）	F	フィックス
H	待機経路	I	次のレグへの会合
I	開始点	M	手動操作による終了
P	方式旋回	R	VOR ラジアル
R	固定半径経路		
T	2 つのフィックス間の大圏		
V	ヘディング		

　このようにして、ARINC 424 では合計 23 種類のパスターミネーターが定義されています。

　パスターミネーターはもともと既存航法（Conventional Navigation）による飛行方式を表現するために開発されたため、RNAV 方式用としては、これほどまで多くのパスターミネーターは使用されません。例えば、RNAV において方式旋回を飛行することはありませんので、方式旋回の表現に使用される PI レグ（方式旋回にて次のレグに会合）は、RNAV において不要

です。

　一方、実際の航空機の FMS も、必ずしも 23 種類全てのパスターミネーターを使用できるわけではありません。むしろ、これらのうちの一部しか使用できないのが当たり前です。このため、FMS が使用できないパスターミネーターが方式の表現に使用されている場合、パイロットが手動で修正したりマニュアル飛行で補ったりする必要があります。LNAV（Lateral Navigation）モードにより、オートパイロットやフライトディレクターを使用して飛行することを原則とするターミナル RNAV 方式では、このようなパイロットによる介入は避けられるべきものです。

　このため、PBN に基づく RNAV 方式においては、飛行方式設定時に利用可能なパスターミネーターを限定するとともに、航空機に対しては、航法仕様に含まれる機能要件の一部として、利用可能であるべきパスターミネーターが規定されています。現在定められている航法仕様において要件として求められているパスターミネーターは、**表 6.5** の通りです。

　なお、コックピット上の CDU や PFD 上の表示から、飛行しようとしている方式のコーディングに使用されているパスターミネーターを推測することはある程度可能ですが、パスターミネーターの種類そのものは表示されません。使用されているパスターミネーターを知りたい場合は、コーディングを記したリストを参照する必要があります。

表 6.5: パスターミネーター一覧
（航法仕様において要件またはオプションとされているもの）

記号	意味 （ARINC424, Attachment 5）	航法仕様			
		RNP APCH	RNP AR APCH	RNAV1 RNP1 RNP0.3	Advanced RNP
IF	Initial fix	○	○*1	○	○
CF	Course to a fix		○	○	○
DF	Direct to a fix	○	○	○	○
TF	Track to a fix	○	○	○	○
RF	Constant radius arc	☆(*2)	☆(*2)	☆(*2)	○
CA	Course to an altitude			○	○
FA	Fix to an altitude		○		○
VA	Heading to an altitude			○	○
FM	From a fix to a manual termination			○	○
VM	Heading to a manual termination			○	○
VI	Heading to an intercept			○	○
HM	Holding to a manual termination				○

注: (*1) PBN マニュアルや RNAV 航行許可基準上、明記されていないが、飛行方式
のコーディングにおいて IF レグは必須であるため、ここでは「○」を付
した。

(*2) ☆はオプションとして利用可能なパスターミネーターを示す。ただし、
RNAV1 において RF レグは利用することはできない。

　ここで、各パスターミネーターの意味する内容と特徴は以下
の通りです。

①　IF（Initial fix）：開始フィックス

　IF レグは、各方式の始点等に使
用されます。IF レグがないと、TF
レグ（後述）等を構成することが
できません。IF レグだけは、例外
的に「パス」（飛び方を示す情報）
のない、空域上の1点を意図します。

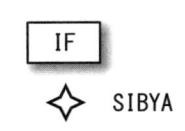

図 6.3: IF レグ

② **CF（Course to a fix）:**
　　フィックスへの指定コースでの飛行

図 6.4: CF レグ

　CF レグでは、終端となるフィックスと当該フィックスに向かう磁方位によって定義される経路を飛行します。
　CF レグは、後述する他の C で始まるレグ（CA 等）と異なり、飛行すべき直線が一意に定まります。
　VOR ラジアルや LOC コース上の飛行等、既存航法の方式をコーディングする上で広く使用されるレグタイプです。逆に、RNAV ではそれほど多くは使用されません。RNAV においてこのような直線経路を登録する場合、通常、CF ではなく TF レグが使用されます。

③ **DF（Direct to a fix）:　フィックスへの直行**

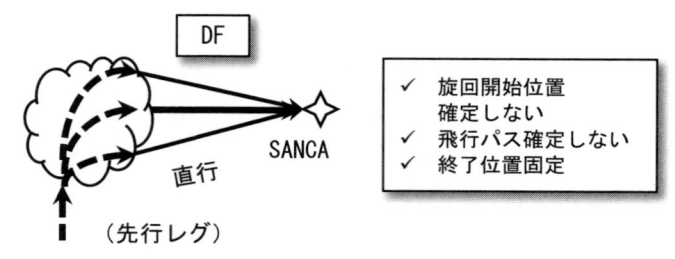

図 6.5: DF レグ

　先行するレグの終了を認識した地点から、旋回を経た

のち、次の終端フィックスに向けて直行します。

　　DF レグの実際の飛行パスは、状況によって大きく変化します。先行レグからの旋回における旋回半径や偏流により、この DF レグの開始点が変わってきます。また、旋回終了後どこを飛行するかも定まりません。その代わり、旋回後の飛行距離を短くすることが可能であり、マヌーバーもシンプルです。

　　SID における高度での旋回の後、ウェイポイントや NAVAID に向けて（経路を指定することなく、また、なるべく最短距離で）飛行させる場合に使用します。

④　**TF（Track to a fix）：　フィックスへの大圏上の飛行**

　　TF レグは、2 地点間の大圏（直線）上を飛行します。その始端は、当該 TF レグの前のレグの終端です。

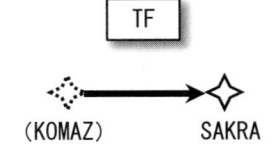

図 6.6：TF レグ

　　最もシンプルなパスであり、必要なデータ容量も少なくて済みます。なお、当該区間に関する方位・距離は、NavDB 登録上必ずしも必要ではありません（オプション）。

　　RNAV 方式のコーディングにおいて、最も一般的に使用されるパスターミネーターです。

⑤　**RF（Constant radius arc）：**
　　フィックスへの固定半径アーク上の飛行

　　RF レグを使用すると航空機は、指定された円弧状の経路を飛行します。以前より、既存航法 DME における DME アークを飛行するための AF（Arc to a fix）というレグがありましたが、この AF レグと異なり、RF レグの円弧は

DME アークである必要はありません。

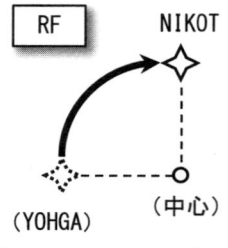

図 6.7: RF レグ

　この RF レグの導入により、飛行経路の設計の柔軟性は大幅に向上したといえます。例えば、今までオフセットせざるを得なかったような最終進入経路を、滑走路末端に正対させることができるようにもなり、CFIT（Controlled Flight Into Terrain）の防止にも役立っています。

　現在、RF レグを飛行可能な機材は、B737-800 や一部の A320 等、比較的新しい機種に限定されています。しかしながら世界各地で、RF レグを使用した飛行方式の導入が進められています。なお RF レグは、RNP AR APCH を含め、RNP 航法仕様に基づく飛行方式についてのみ適用可能となっています。RNAV1 等、RNAV 航法仕様による飛行方式には使用できません。

⑥　**CA（Course to an altitude）**：
　　指定高度までの指定コースによる飛行

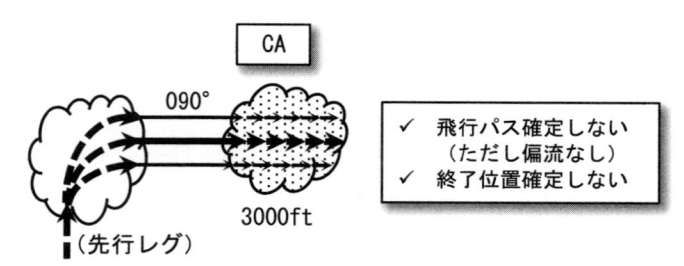

図 6.8: CA レグ

　CA レグは、データに登録された方位（コース）に沿って、登録された高度まで飛行します。いったん指定コースに乗った後は偏流補正がなされるので、ヘディング飛行のようなドリフトは生じません。

　ここで注意しなければならないのは、飛行パスは一定でなく、その開始位置によって変動するという点です。この点は DF レグとも似ています。CA レグの前に使用されるレグがどこで終わるか、あるいはその先行レグから CA レグに向かう旋回部分の旋回がどのような半径でなされるかによって CA レグの始端が変化します。これに伴い、CA レグの経路自体が毎回変化するのです。この点、同じく C で始まる CF レグとは異なります。

　また、初期の B767 の FMS 等、比較的古い世代の FMS には、CA レグや、CD レグ（Course to a DME distance: 指定 DME 距離まで方位で飛行）等を使用できないものがあります。Data House（飛行方式を ARINC424 に翻訳する者）がコーディングしたデータが、FMS によって使用できない種別である場合、Data Packer（ARINC424 を、個別の FMS やエアライン用に加工する者）が、個別の FMS 用に Coding を修正します。例えば通常、CA レグは VA レグに、CD レグは VD（Heading to a DME Distance）に置き換えられます。

　このような場合、NavDB に従って飛行すると、AIP チャートに示された方式（飛行方式設計者の意図）とは異なる飛行をすることになり、注意が必要です。

⑦　**FA（Fix to an altitude）**：
　　フィックスから指定高度へ指定コース上の飛行

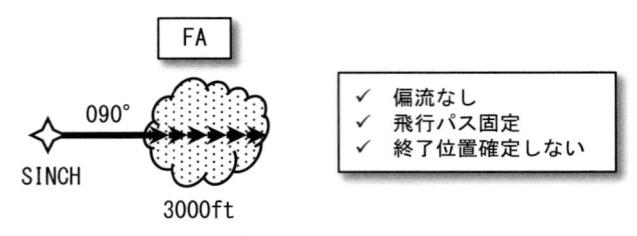

図 6.9: FA レグ

　あるフィックスから、方位で指定されたコースを、指定高度に達するまで飛行します。

　横風の中でも、**FMS** が偏流補正を行うのでドリフトは生じず、また、始点がフィックスで固定されているため、経路は固定されたものとなります。ただし、上昇勾配や当該レグ開始高度（始点となるウェイポイントの通過高度）によって指定終了高度に達する地点が変化するので、終了点は毎回変化します。

　SID や進入復行において、VOR ラジアルで指定高度まで上昇するような場合に使用します。

⑧　**VA（Heading to an altitude）** :
　　　指定高度までのヘディング飛行

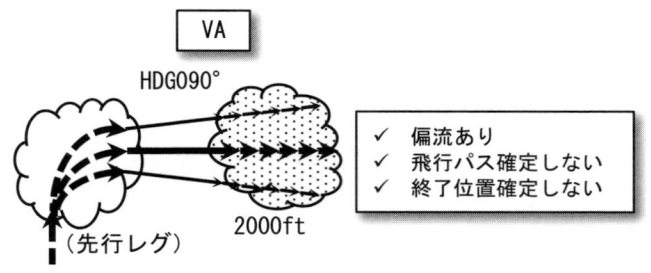

図 6.10: VA レグ

　VA　レグでは、指定されたヘディングにより指定高度に達するまで飛行します。

　開始点は先行レグの終了位置に依存するので、常に変化します。また、あくまでヘディング飛行ですので横風による偏流も生じます。さらに上昇勾配等によって指定高度に達する地点が変化するので、終了点も毎回異なります。このように、CA レグと非常に近い特性を持ちますが、ドリフトが生じるという点で CA レグとは異なっています。

　SID において離陸直後、指定旋回開始高度に至るまでの間等に使用されます。パスがばらつくのが難点ともいえますが、逆に、非常に柔軟なパスで、飛行方式の設定（特に SID）においては使い勝手がよいともいえます。現在、RNAV SID においても、立ち上がりのレグとして、非常に多く使われています。

⑨　**FM（From a fix to a manual termination）** ：
　　フィックスからパイロットによる中断までの指定コース上の飛行

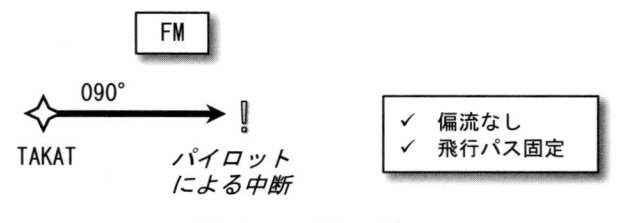

図 6.11：FM レグ

　FM レグでは、あるフィックスから、方位で指定されたコース上を、指定高度に達するまで飛行します。

　横風中でも補正が行われ、ドリフトは生じません。また、データコーディング上、FM レグの終了点は定義されていません。このため、何らかの形でパイロットが介入し、本レグによる飛行を終了させる必要があります。

　レーダーデパーチャー（離陸後の一部区間において、レーダー誘導による飛行を前提とする SID）等において、管制官の指示によるヘディングに移行するまでの間、VOR ラジアル等に沿って飛行する場合等に使用されます。

⑩　**VM（Heading to a manual termination）：**
　　パイロットによる中断までのヘディング飛行

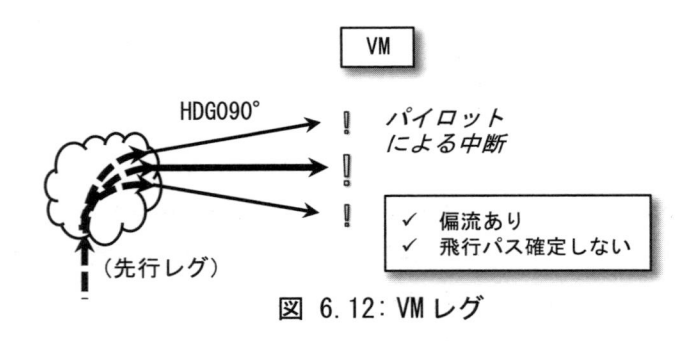

図 6.12: VM レグ

　VM レグは、パイロットが中断するまで、指定されたヘディングにて飛行します。FM レグと同様、終了点は明示されていません。開始点も定められておらず、先行レグの飛行状況によって変化します。また、ヘディング飛行中、横風によるドリフトも生じます。

　レーダーデパーチャー等において、レーダー誘導に移行するまでの間のヘディング飛行等に使用されます。

⑪　**VI（Heading to an intercept）：**
次レグに会合するまでのヘディング飛行

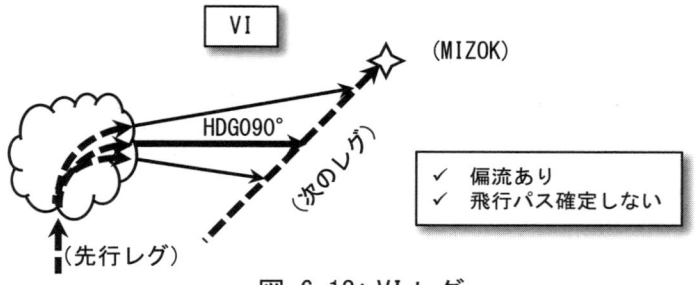

図 6.13: VI レグ

　VI レグでは、指定されたヘディングにより、次のレグに会合するまで飛行します。

　開始点は定められていません（先行レグの飛行状況に依存）。また、ヘディング飛行中は横風による偏流も生じます。

　SID 中、あるラジアルに会合する前のヘディング飛行等に使用されます。

⑫　**HM（Holding to a manual termination）：**
パイロットによる中断までの待機経路上の飛行

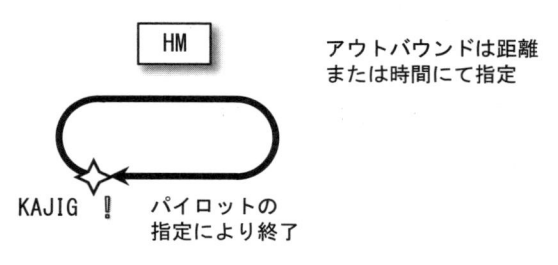

図 6.14: HM レグ

　　HM レグでは、パイロットが中断するまで、指定され
た待機経路上を待機飛行します。進入復行後の待機経路
等のコーディングに広く使用されています。

6.3　飛行方式のコーディング（共通ルール）

　これまで、ターミナル方式を表現する上で重要なパスターミ
ネーターの概念について説明してきました。パスターミネータ
ーは、パスとターミネーターすなわち飛び方と終わり方を定義
する方法です。

　実際の方式をコーディングする際には、パスターミネーター
の概念を用いつつ、様々なルールが適用されます。本節では、
飛行方式のコーディング方法に関するルールのうち、方式種別
（SID、STAR、IAP）に共通なものについて説明したいと思い
ます。なお、コーディングのルールは非常に多岐にわたります
が、ここではあくまで概要レベルの説明に留めます。詳細につ
いては ARINC424 の Attachment 5 "Path and Terminator" を参照
願います。

6.3.1　飛行方式の登録方法

　すでに 6.2.2 でも若干触れましたが、飛行方式は、複数のレ
グ（区間）に分割され、各レグに 1 レコード（データベース中
のデータのまとまりの単位）が割り当てられる形で登録されま
す。図 6.2 および表 6.3 も参照願います。

6.3.2　必要属性の登録

　上記のようにしてレグに分割された方式について、各レコー
ド（各レグ）には、パスターミネーターの他、飛行方法を定義
するための各種属性が登録されます。たとえば VA レグを定義
するためには、飛行させたいヘディング方位やその終端高度が

必要です。また、TF レグに対しては、終端となるフィックス
の情報は必須です。CF レグに対しては、終端フィックスに加
え、飛行コースの磁方位も必要となります。

　表 6.6 は、各パスターミネーターについて、登録が必須（あ
るいはオプション）となるような属性のうち、特に代表的なも
のをまとめたものです。

　登録された属性は、必ずしも航法において使用されるとは限
りません。例えば、TF レグにおいてコースすなわち終端ウェ
イポイントに向かう経路の方位が登録されますが、通常、航法
においてはこの方位は使用されません。FMS は、先行レグの終
端となるウェイポイントからこのウェイポイントの間の大圏
を生成し、その方位を自ら計算して飛行に使用します。

表 6.6: 各パスターミネーターに必要な属性(*1)
[ARINC424, Attachment 5, para 1.5 Leg Data Field より]

PT(*2)	WPT ID	オーバーフライの有無	方位	高度	その他
CA			C	+	
CF	✓	B	C	O	
DF	✓	B		O	
FA	✓(*3)		C	O / + (*5)	
FM	✓(*3)		C	O	
HM	✓(*4)		C	O	
IF	✓	O			
RF	✓	O	T	O	アーク中心
TF	✓	O	O	O	
VA			H	+	
VI			H	O	
VM			H	O	

注: (*1)　本表では、PBN 飛行方式の機能要件に含められるパスターミネーターについてのみ記す。また、記載している属性は代表的なものであり、データベースにはその他数多くの属性が登録される。詳細については、ARINC424, Attachment 5, para 1.5 Leg Data Field を参照されたい。

記号の意味は以下の通り：

B:　CF-DF、DF-DF、FC（本書に掲載していない）-CF のレグの組み合わせにおいては、最初のレグにおいてオーバーフライの指定は必須となる。これは、方式の意図を正確に記述するためのものである。

C:　コース（VOR ラジアル等）を登録する。

O:　指定はオプション（表現すべき方式の内容によっては、登録しない）

T:　RF レグからの出経路のコース（RF レグ終端におけるアーク接線方位と同じ）を登録する。

H:　指定すべきヘディングを登録する。

+:　"At or Above" として登録する必要がある。

S:　FA、FM 等、"F" で始まるパスターミネーターは、フィックスで始まる。当該始点の通過高度の指定はオプションである。

(*2)　Path terminator の略。

(*3)　FA/FM レグは他レグと異なり、始端となるウェイポイントを登録する。

(*4)　HM レグでは、待機フィックスを登録する。

(*5)　FA レグの場合、終端高度も登録されるが、こちらは "+" すなわち "at or above" として高度が登録される。

　図 6.2 および**表 6.3** に示した "HAKSI ONE RNAV DEP" を
コーディング形式で記すと、次のようになります。

表 6.7: HAKSI ONE RNAV DEP のコーディング（要旨） (*1)

Sequence	WPT	Overfly	Path Terminator	方位	高度
010	-	-	VA	090	+500 (*2)
020	SAWAI	-	DF	-	-
030	-	-	VI	100	
040	HAKSI	-	CF	040	+5000

注: (*1)　ここに示した属性は、方式の記述例を示す上で参考となる情報を抜粋し
　　　　たものである。実際のデータベースにおいては、ここに含まれない様々
　　　　な属性が登録される。

　　(*2)　データベース中、"at or above" は、記号 "+" によって表現される。

　ここで各行すなわち各レコードは、方式中以下の部分を示し
ています。

SEQ 010:　　　Climb HDG 090° at or above 500ft,

SEQ 020:　　　direct to SAWAI,

SEQ 030:　　　HDG 100° to intercept

SEQ 040:　　　to HAKSI on course 040° at or above 5000ft

6.3.3 RNAV 飛行方式の公示における記述表との関係

　わが国の AIP 中、RNAV SID および STAR（RNAV1 による
ものと、RNP1（Basic RNP1）によるもの双方）の公示は、チ
ャート、文言記述に加え、記述表（Tabular Form）によっても
なされます（**図 6.15** 参照）。この記述表は、飛行方式設計者
からデータハウスのコーディング技術者へ、その飛行方式の飛
び方に関する設計者の意図を正しく伝えるためのものとして
使用されています。つまり、この記述表には、「飛行方式設計
者として、このような形でコーディングされることを想定して
この飛行方式を設定しました」という情報が記されています。

表中には、コーディングにおいて使用することが推奨されるパスターミネーター（Recommended Path Terminator）も記載されています。

　記述表と実際のコーディングは、様々な面で異なります。特に、記述表はあくまで RNAV 飛行方式を NavDB コーディング用に解釈する上で最も重要な属性のみを抽出して示したものであり、実際の NavDB には、記述表にない属性情報が数多く含まれているという点を強調しておきたいと思います。

　なお、記述表は SID および STAR についてのみ公示されています。IAP（RNP APCH）に対する記述表は公示されていません。その理由は主に 2 つあります。第一に、FMS は、IAP のコーディングに関して、使用できるパスターミネーターやその組み合わせにおける柔軟性に欠けることがあります。例えば、TF レグは、RNAV 方式の設計において最も基本的なパスターミネーターですが、進入復行における最初のレグとして、TF レグを受け付けない FMS も存在します。このため、記述表上で推奨パスターミネーターを公示すると、ユーザーに対して必要以上の制約を課す可能性があると考えられます。第二に、IAP は主として TF レグで構成され、SID や STAR と比較してシンプルだということです。このため、飛行方式設計者の意図を伝える上で、記述表を使用しなくとも特段の支障はないと考えられます。

MANAH TWO DEPARTURE

RWY06

Serial Number	Path Descriptor	Waypoint Identifier	Fly Over	Course °M(°T)	Magnetic Variation	Distance (NM)	Turn Direction	Altitude (FT)	Speed (KIAS)	Vertical Angle	Navigation Specification
001	VA	–	–	063 (055.0)	-7.7	–	–	+500	–	–	RNAV1
002	DF	KAETU	–	–	-7.7	–	L	–	–	–	RNAV1
003	TF	MANAH	–	162 (154.3)	-7.7	32.9	–	–	–	–	RNAV1

RWY24

Serial Number	Path Descriptor	Waypoint Identifier	Fly Over	Course °M(°T)	Magnetic Variation	Distance (NM)	Turn Direction	Altitude (FT)	Speed (KIAS)	Vertical Angle	Navigation Specification
001	VA	–	–	243 (235.0)	-7.7	–	–	+500	–	–	RNAV1
002	DF	AWAZU	Y	–	-7.7	–	–	–	–	–	RNAV1
003	TF	MANAH	–	162 (154.7)	-7.7	28.0	–	–	–	–	RNAV1

KOMAKI TRANSITION

Serial Number	Path Descriptor	Waypoint Identifier	Fly Over	Course °M(°T)	Magnetic Variation	Distance (NM)	Turn Direction	Altitude (FT)	Speed (KIAS)	Vertical Angle	Navigation Specification
001	IF	MANAH	–	–	-7.7	–	–	–	–	–	RNAV1
002	TF	KCC	–	162 (154.5)	-7.7	42.7	–	–	–	–	RNAV1

図 6.15: SID の記述表の例
（小松空港 MANAH TWO DEP ／ 出展: AIP JAPAN）

6.4　SID のコーディング

　前節では、SID、STAR 等の方式種別によらない共通ルール
について説明しました。本節では、SID のコーディングに関す
るルールを紹介します。ここでは転移経路すなわち Transition
も含めることとします。ただし、NavDB コーディング上、SID
には、この Transition の他、もう一つの Transition の概念が存在
します。それは、Runway Transition（RWY-Tr）とよばれるもの
です。

　FMS もコンピューターシステムである以上、オフィスにある
パソコンと同様あるいはそれより厳しい制約を受けることが

あります。その例が、格納できるデータの容量です。このため、FMS NavDB も、なるべく容量が小さくなるよう、さまざまな工夫が凝らされています。その結果、世界中の空港、飛行方式、航空路等のデータを収録する B777 クラスの FMS NavDB でも、そのサイズは数メガバイトにすぎません。自動車のカーナビゲーションシステムの地図データが DVD に格納されているのと比較すると、各段に小さいといえます。

　さて、データサイズを小さくするための工夫の一つは、重複を避けるというものです。このため、SID についても、各 RWY について共通な部分を重複して何度も登録する必要がないように、共通部分（Common Route または Body ともよぶ）と個別部分（同 Runway Transition）に分けて登録がなされます（図 6.16 参照）。また、AIP 上でいうところの転移経路（Transition）を、上記 Runway Transition と区別して、Enroute Transition（ENRT-Tr）とよびます。公示された SID に転移経路が付随しない場合には、NavDB において ENRT-Tr は登録されません。また、各滑走路からの出発経路において共通部分がない場合、RWY-Tr や ENRT-Tr があっても BODY のない SID というものも存在します（図 6.17 参照）。

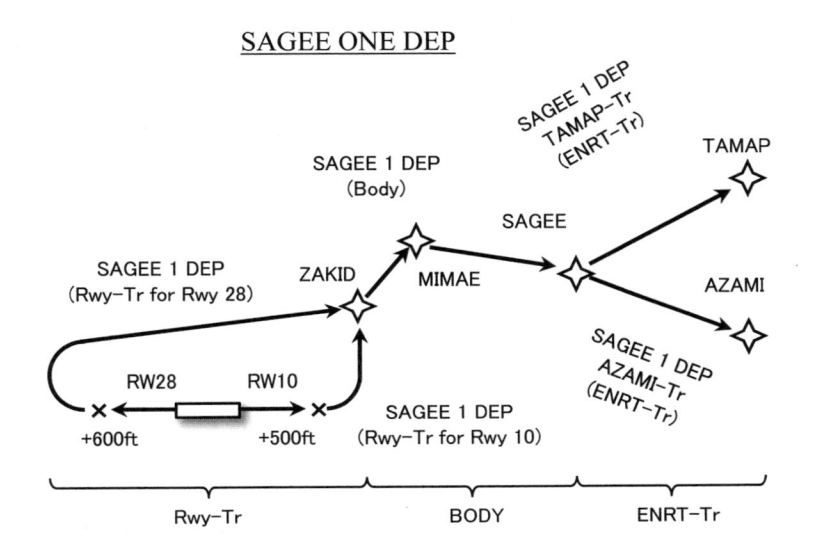

図 6.16: SID の構成（Transition と Body）

　図に示した SAGEE 1 DEP の場合、離陸して ZAKID までが Rwy-Tr、共通部分すなわち ZAKID から MIMAE を経て SAGEE までが Body です。また、SAGEE から TAMAP まで（TAMAP-Tr）および AZAMI まで（AZAMI-Tr）が、それぞれ ENRT-Tr ということになります。

　CDU の DEP/ARR ページにおいて RWY を選択することは、当該 RWY に対する RWY-Tr も併せて選択することを意味します。

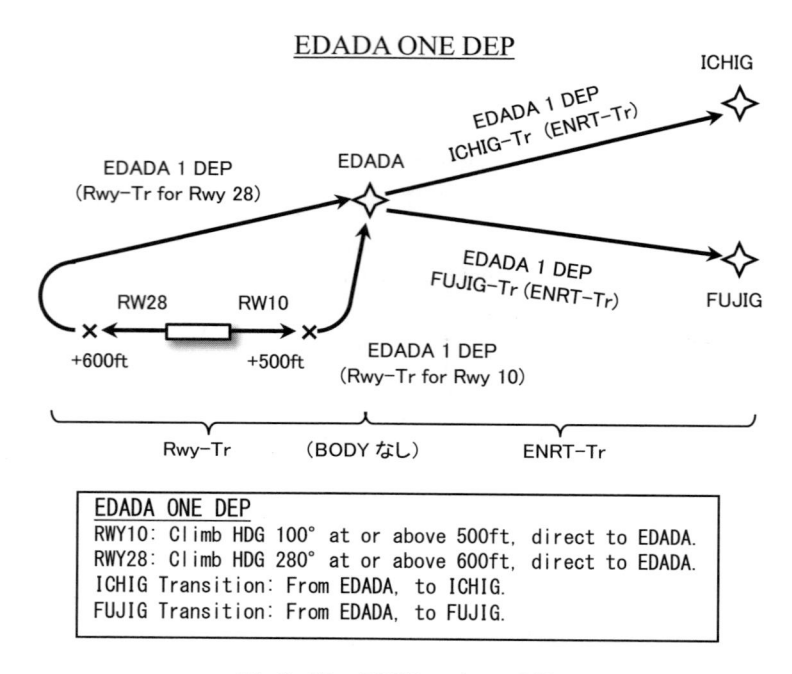

図 6.17: BODY のない SID

　ところで、6.3.3 でも触れたように、RNAV 飛行方式は記述
表を用いても公示されます。SID の場合、記述表と実際の
NavDB コーディングとでは、RWY-Tr 相当区間の記述方法が異
なります。記述表の場合、離陸直後から SID 終点までの一連の
経路が、各滑走路に対して途切れることなく記載されます。こ
のとき、BODY 区間は各滑走路に対して重複して記載されます。
一方コーディングでは、BODY 区間は1回しか記載されません。
その代わり、RWY-Tr と組み合わせて BODY を使用する形とな
ります（図 6.18 参照）。

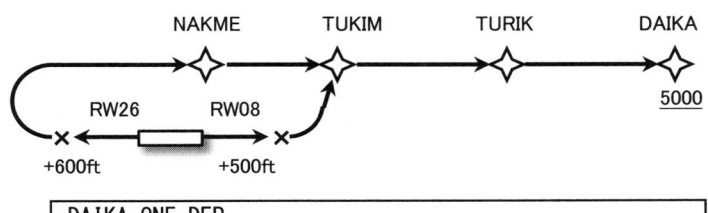

DAIKA ONE DEP

DAIKA ONE DEP
RWY08: Climb HDG 080° at or above 500ft, direct to TUKIM,
　　　 to TURKI, to DAIKA at or above 5000ft.
RWY26: Climb HDG 260° at or above 600ft, direct to NAKME
　　　 to TUKIM, to TURKI, to DAIKA at or above 5000ft.

記述表 （抜粋）

RWY08

WPT	P/T	MAG Track	Altitude
-	VA	080	+500
TUKIM	DF		
TURIK	TF		
DAIKA	TF		+5000

RWY26

WPT	P/T	MAG Track	Altitude
-	VA	260	+600
NAKME	DF		
TUKIM	TF		
TURIK	TF		
DAIKA	TF		+5000

同じ区間が重複

コーディング （抜粋）

Transition ID	Sequence	WPT	P/T	MAG Track	Altitude
RW08	010	-	VA	080	+500
RW08	020	TUKIM	DF		
RW26	010	-	VA	260	+600
RW26	020	NAKME	DF		
RW26	030	TUKIM	TF		
	010	TUKIM	IF		
	020	TURIK	TF		
	030	DAIKA	TF		+5000

RWY-Tr（RWY08）

RWY-Tr（RWY26）

BODY

集約して登録

図 6.18：記述表とコーディングの比較

6.5　STAR のコーディング

　本節では、STAR のコーディングルールのポイントを説明します。STAR のコーディングルールは、SID と共通のものが少なくありません。

　前項では、NavDB 上、SID の Transition に Runway Transition（RWY-Tr）と Enroute Transition（ENRT-Tr）があることを説明しました。NavDB の世界では、STAR にも Transition とよばれる概念があります。また、SID と同様 STAR の Transition にも、RWY-Tr と ENRT-Tr の 2 種類があります（図 6.19 参照）。

NAGAT ONE ALPHA ARR

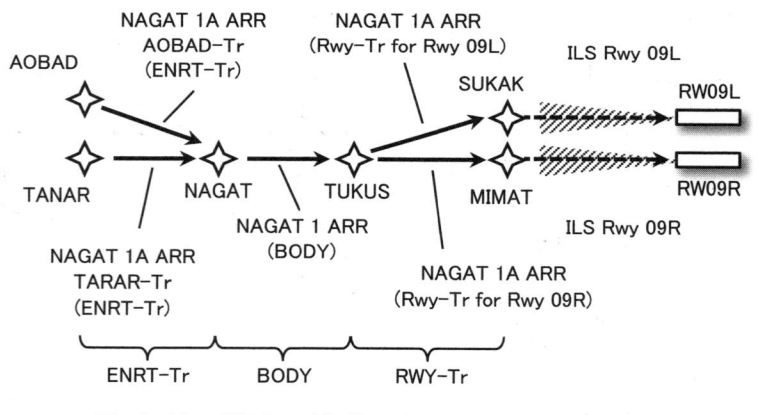

図 6.19: STAR の構成（Transition と Body）

　図は、最も複雑なパターンを示しています。まず、NAGAT 1A ARR という一つの公示名のもとに、AOBAD と TANAR から始まる 2 つの経路が存在します。NavDB 上、これらは AOBAD-Tr と TANAR-Tr という 2 つの ENRT-Tr として登録されることになります。一方、この STAR は、RWY09L と RWY09R の双方

の ILS に対して接続しています。これらはそれぞれ、RWY09L-Tr と RWY09R-Tr の 2 つの Rwy-Tr として登録されることになります。

　しかしながらここでしばしば問題となるのは、RWY-Tr です。RWY-Tr の使用は ARINC424 に定められているにもかかわらず、実際には、RWY-Tr という形での STAR のコーディングを受け付けない FMS が存在するのです。この場合、経路そのものは据え置きつつ、別の名称を用いたコーディングが必要になります。図 6.20 は、RWY-Tr を受け付けない FMS に RWY-Tr が存在するような STAR を登録する場合の措置について図示したものです。

YUTEN TWO ALPHA ARRIVAL

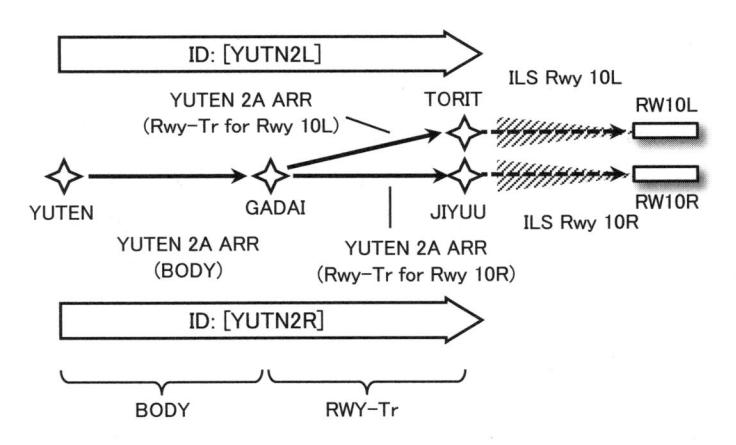

図 6.20: STAR RWY-Tr が登録できない場合の措置

　この例（YUTEN TWO ALPHA ARR: YUTEN2A ARR）の場合、ルールに従えば、GADAI 以降は、RWY-Tr として登録されるはずです。しかしながら、RWY-Tr を受け付けない FMS のた

めに、全体的に個別の STAR として登録されるということが生じます。例えば、RWY 10L 用の STAR として、YUTEN ⇒ TORIT 間を、ひとまとめの "YUTN2R" ARR（Body）として、RWY 10R 用に、YUTEN ⇒ JIYUU 間を、"YUTN2L" ARR（Body）として登録することがあります。しかしながら、これらの方式名称（YUTN2R および YUTN2L）は、AIP チャートには示されていません（データハウスとチャート作成者が同一の場合、このような方式名称がチャートに記載されることもあります）。このような、チャートとデータベースの間の不整合を解消するためには本来、TORIT 行き（RWY10L 用）と JIYUU 行き（RWY10R 用）を、それぞれ別の STAR として公示することが望ましいといえます。

　なおここで NavDB 上の STAR ID が、"YUTEN2R" や "YUTEN2L" として、元の公示名称のように "E" が入った形にならないのは、FMS の制約によるものです。FMS において、STAR の ID は最大 6 文字しか登録することができません。6 文字を超えるような場合には、これを 6 文字に短縮する必要があります。このような場合の短縮のルールは、ARINC424 の、Section 7.0 "Naming Convention" に定められています。

6.6　IAP のコーディング

　本節では、計器進入方式（IAP）のコーディングルールを紹介します。とはいえ、IAP のコーディングルールは SID や STAR と比較して非常に複雑です。また、VOR 進入、ILS 進入、RNAV 進入（RNP APCH）といった方式種別によっても少しずつルールが異なってきます。ここでは、特に方式種別によらない共通ルールを中心に説明したいと思います。

6.6.1　登録すべきフィックス

　まず、IAP のコーディングにおいて登録すべきフィックスの種類について説明します。**図 6.21** を参照願います。

　最終進入フィックス（FAF: 図中の COSGI）の呼称と位置付けは、飛行方式設計、NavDB の間で基本的には同じです。ただし、DME のない VOR 進入のように FAF が公示されていない IAP であっても、NavDB においては、何らかの形で FAF を決め、これを登録する必要があります。

　次に、中間進入フィックス（IF: 図中の MARCO）に相当するフィックスとして、NavDB には Final Approach Course Fix（FACF）が登録されます。IF 相当のフィックスが公示されていない方式にあっても、コーディングルール上、FACF の登録が必須となる場合があり、このときは、チャートにないフィックスが CDU 上に表示されることになります。

　初期進入フィックス（IAF）に関しては、NavDB コーディング上の特段の留意点はありません。なお、IAF から FACF（IF 相当）までの区間は、Approach Transition（APCH-Tr）として登録されます（次項参照）。

6.6.2　コーディングにおける IAP の構成

　本項も、**図 6.21** を参照しながら説明します。

　NavDB 上、IAP の根幹となる部分は、FACF から進入復行終了点の区間です。図では、MARCO (FACF) - COSGI (FAF) - RW09 - MOTOS 間および待機経路がこれに当たります。NavDB 上ではこのうち MARCO (FACF) - RW09 間が Final Approach とよばれます。ここで、飛行方式設計でいう中間進入相当の区間（図中、MARCO - COSGI）間もこの Final Approach に含む点に注意して下さい。そして、この FACF から進入復行完了までの区間を、Body とよぶことがあります。

　原則として Final Approach の終端として進入復行点（MAPt）が登録されますが、若干異なることもあります（主として既存航法）。この相違の理由の一つは、飛行方式設計においては、「地上物標が視認できない場合の進入復行」を前提とされるのに対し、NavDB においては、着陸を念頭にコーディングがなされるためです。例えば、進入復行点（MAPt）と滑走路末端（THR）の位置関係によっては、Final Approach の終端として MAPt ではなく THR が登録されることもあります。

　一方、初期進入に相当する区間は、Approach Transition（APCH-Tr）とよばれます。すなわち、計器進入方式開始点（IAF）から FACF（FACF が設定されない場合は FAF）に至る区間であり、図中では、DENEN - MARCO、および、TAMAG - MARCO の間です。この例のように、APCH-Tr は、一つの IAP（Body）に対して複数設定することも、全く設定しないことも可能です。

　FMS によっては、ある滑走路に対し、同じ種類（無線施設等）の進入方式（の Body）が一つしか登録できないことがあります。この問題に関しては後述しますが、このような場合であっても、当該方式を意図する一つの Body に対し、複数の APCH-Tr を登録することは可能です。

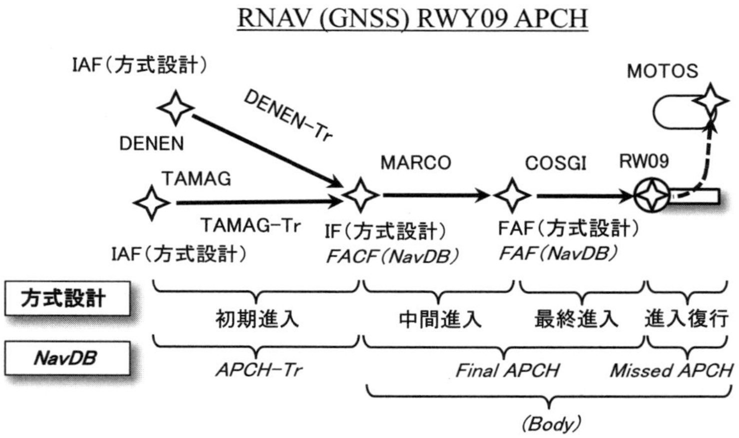

RNAV (GNSS) RWY09 APCH

図 6.21: 方式設計と NavDB におけるセグメント区分

6.6.3　Final Approach

　本項では、Final Approach のコーディングに関していくつか重要な点を説明します。

　すでに触れたように、NavDB 上、最終進入は着陸を前提としてコーディングがなされます。このため、Final Approach の終点として、MAPt ではなく滑走路末端（THR）やその他の地点が登録されることもあります。このようなケースは、MAPt が THR よりも奥側に位置する場合に生じます。また、ILS 進入の場合、方式設計上の MAPt すなわち「GP が決心高度（DA）に到達する地点」ではなく、THR が登録されます。このように Final Approach の終端が異なるということは、進入復行の開始部分も、公示と若干異なることがあるということになります。

　さらに、MAPt（または THR）に登録される高度も、通常、MDA や DA と異なります。例えば、Final Approach の終端が THR であるような場合は、MDA や DA ではなく「THR 標高+50ft

相当の高度」が、THR における高度として登録されます。これ
も、NavDB が進入復行よりも着陸を指向していることによりま
す。

　また、最終進入においてステップダウンフィックス（SDF）
が公示されている場合、その扱いは FMS の種類によって異な
ります。古い世代の FMS では、SDF を登録できないこともあ
ります。一方、SDF が登録される場合、各 SDF に対して、最
低高度（MOCA）と方式高度（3°等の最適パスで降下する場
合の通過高度）の双方が登録されます。ただしこの場合でも、
CDU 上にこれらの高度が両方とも表示されるわけではありま
せん。

　RNP 進入等、RNAV による進入方式の最終進入のコーディン
グには、TF レグ（RNP AR 進入方式にあっては RF レグも可）
が使用されます。一方、ILS 進入、LOC、VOR 進入等の既存航
法にあっては、CF レグが使用されます（TF、RF、CF の各レ
グについては、6.2.3 項を参照願います）。これは、RNAV の
最終進入に係る飛行パスは FAF と MAPt 等の間の大圏で定義さ
れ、TF レグがその主旨に合致しているのに対し、既存航法の
場合は、NAVAID への方位によってパスが定義され、CF レグ
がこれを正確に表現しているためです。

6.6.4　進入復行

　NavDB 上、ある進入方式（Final Approach）に対して、進入
復行は一つしか登録できません。現在公示されている RNP 進
入には、基本的に RNAV による進入復行と既存航法による進
入復行が併記されていますが、FMS は双方を取り込むことがで
きない設計になっています。このため NavDB には、RNAV に
よる進入復行のみが登録されています。

6.7　NavDB に関してひとこと

　本章ではこれまで、飛行方式をコーディングする際のルールの概要について説明してきました。本節では、その締めくくりとして、NavDB 全般について留意すべき点や、FMS およびNavDB に関連する諸注意について触れたいと思います。

6.7.1　レグ間の遷移

　これまで、飛行方式はパスターミネーターを連結してゆくことによって表現されると説明してきました。しかしながら、パスターミネーターは、主としてウェイポイントとウェイポイントの間等の直線部分を表現しているにすぎません（旋回経路を定義するための AF レグや RF レグ、待機経路に係る HM レグ、ならびに点に過ぎない IF レグ等を除く）。一方、飛行方式は通常、何らかの旋回を必要とします。逆にいうと、旋回部分の多くは、コーディングによってあらかじめ規定されているわけではなく、FMS によるパスの生成に委ねられていることになります。

　その典型的な例が、基礎旋回（Base Turn）の登録です。図 6.22 の左図中、基礎旋回のコーディングにおいて、KAE からMOREN（FACF）の間のパスに関しては、アウトバウンドを表現する TF レグと、MOREN へ向かう CF レグだけが登録されているのみです。このようなコーディングでも、FMS は、右図のような基礎旋回を生成し、これを飛行することができるのです。なお、このような基礎旋回のコーディングには、いろいろな方法があります。例えばアウトバウンドにおいて TF レグに代えて FD（Track from a fix to a DME distance）またはその他のレグを使用することも可能です。また、D305J への TF レグとMOREN への CF レグの間に、当該 CF レグに会合するヘディン

グのための VI（Heading to an intercept）レグが挿入されること
もあります。

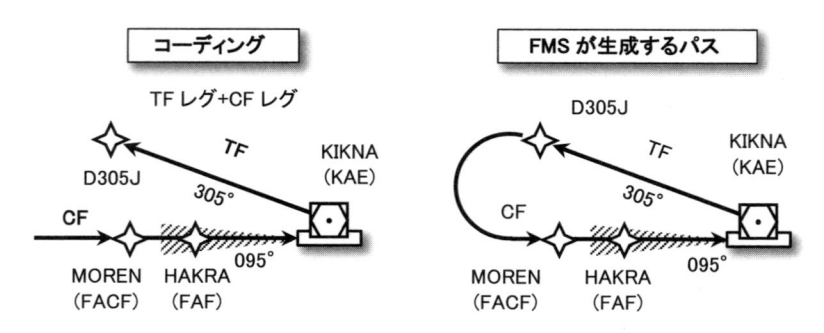

図 6.22: コーディングと FMS が生成するパス（基礎旋回）

　このようなレグとレグの間の旋回部分のパスは、機種、FMS、
飛行速度、バンク角等によって変化します。このため例えば、
適用されるバンク角の差により、同じ飛行方式を、同じ風の中
で、同じ速度で飛行していても、内回りする便とそうでない便
が生じることもあります（**図 6.23** 参照）。

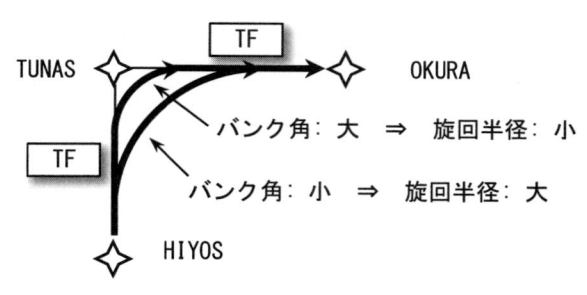

図 6.23: 飛行パスの相違

　また、基礎旋回の種類によっては、別の注意も必要です。**図
6.24** は、名古屋飛行場（RJNA）　VOR/DME Nr. 3 RWY34 の
AIP チャート（左）とコーディングのイメージ（右）を示した

ものです。

　この進入方式は現在の飛行方式設定基準（国空制第 111 号）ではなく、旧基準に基づき設計されたものであり、「○○マイル以内で旋回」という形式でアウトバウンドが制限されています。しかしながら、NavDB には「KCC 17DME まで直進した後に旋回せよ」との情報が登録されているにすぎず、KCC20 DME という制限は登録されていません。これは、「○○マイル以内で旋回」という情報をコーディングする方法が定められていないためです。

　このような方式では、風によってはオーバーシュートしやすくなるので注意が必要です。そのような場合には、CDU 上にて 17DME 相当のポイントに低い速度を指定することにより、制限内で旋回することが可能となります。

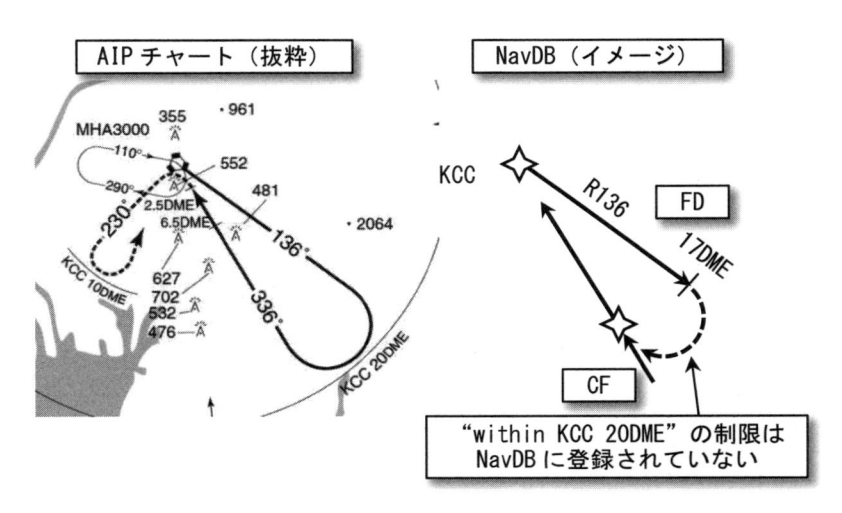

図 6.24：基礎旋回（旧基準ベース）のコーディング
(RJNA VOR/DME Nr. 3 RWY 34)

6.7.2 データ登録上の制約

　FMS は、その設計上の制約により、登録したい飛行方式を登録できないことがあります。例えば、ある IAP に対して進入復行は一つしか登録できず、複数を登録することはできません。

　また FMS によっては、ある滑走路に対して登録可能な IAP が、方式種別毎に一つだけという場合があります。例えば RNAV (GNSS) Z RWY36 APCH と RNAV (GNSS) Y RWY36 APCH の 2 つの RNP APCH が公示されている場合、通常は、"Z" の付された方式が優先的に登録されます。また、飛行方式の名称は、優先度が高い順に、Z、Y、X とさかのぼるように命名されます。例えば、使用頻度が高い順、ミニマの低い順等です。

6.7.3 Dual Conditional Transition

　NavDB 上、"turn at 3000ft or 5DME whichever earlier"（3000ft または 5DME のいずれかに達した時点で旋回）のような、"A または B" のような飛行方法による飛行方式を登録することはできません。このような "A または B" を定義するパスターミネーターはなく、また、2 つのパス終了方法を組み合わせて一つのレグを定義するコーディング方法が存在しないからです。

　このような方式にあっては、より安全側となるよう、通常状態で先に満足される条件を表現するようなパスターミネーターが選択されます。上記のように「高度または距離」で旋回点が定義される場合、現代の航空機では指定高度に先に到達することが多く、高度での旋回を表現するレグ（VA レグ等）が使用されます。なお、このような飛行方法の定義の仕方は、"Dual Conditional Transition" とよばれます。RNAV においては、Dual Conditional Transition が含まれるような飛行方式が公示されることはないものと考えられます。また、既存航法による飛行方式についても、極力これを避けることが推奨されています。

第 7 章　RNAV の安全と品質の確保

　PBN そして広い意味での RNAV が空の安全性を向上させるという点に関して異論をはさむ余地はないと思われます。第 1 章でも述べたとおり、RNAV は、CFIT（Controlled Flight Into Terrain）の防止等、従来のエラーを防止する上で大きく役立つものです。

　その一方で、いかなる技術も、適切に運用されなければ、別のエラーの原因となりかねません。RNAV も、手放しで運用可能なものではありません。安全に RNAV を運用するためには、関係者による正しい理解も必要ですし、相応の仕組みも必要です。実際、PBN に関する様々な制度を通じて、その安全性が担保されているのです。

　本章では、RNAV を安全に飛行するために適用されている各種の仕組みについて説明します。また、なぜそのような仕組みが必要になるのかを理解するため、RNAV の特徴について、特に「RNAV においていかなるエラーが発生しうるか」との観点から概説したいと思います。

7.1　RNAV の特徴と潜在的エラー

　RNAV のためのエラーマネジメントを論じる前に、安全性を検討する上で考慮すべき PBN の特徴を、2 点挙げたいと思います。第一にデータ依存型であるという点、そして第二に高精度であるという点です。

7.1.1 RNAV はデータ依存型航法である
　基本的に RNAV（特にターミナルおよび進入）においては、

パイロットが CDU（Control & Display Unit）上でのキー操作を通じて飛行方式（を記述したデータ）を選択し、これに従って飛行します。つまり、FMS であれば LNAV モードの使用が原則です。当該航法データには、飛行方式に記述されるのと同じ経路・高度・旋回方向等が記述されています。

　一方、RNAV5 等のエンルート経路においては、緯度・経度をキー入力し、あるいはウェイポイントを名称で選択して経路を作成し、飛行することも認められています。なお、このターミナルおよび進入方式と、エンルートでの扱いの相違の理由の一つは、入力エラーが生じた場合のリスクの深刻度（severity）の違いによるものです。すなわち、ターミナルや進入においては飛行高度が低く、入力エラーが生じた場合には、ただちに地上に接近する恐れがあります。また逆に、エンルート RNAV（RNAV5 経路等）においては、FMS を搭載しない在来型 B747 等が飛べるような仕組みを残す必要があり、経路名称によるルート選択を要件として課すことが適当とは、現時点ではいえません。

　いずれの場合でもここで注意すべきなのは、「ちょっとした入力・選択の間違いが重大な結果につながりうる」という点です。例えば、大韓航空機撃墜事件（1983 年）では、INS（慣性航法装置）への誤入力が経路逸脱を招いた可能性が指摘されています。また、コロンビア・カリ空港におけるアメリカン航空965 便事故（1995 年）では、CDU 上でのデータの選択間違いが事故の寄与要因（Contributing Factor）の一つになったといわれています。この時パイロットは、"R"（ROZO）NDB（コロンビア）に向かおうとしていました。一方、周辺にはこれとは別の "R"（ROMEO）NDB があったのです。CDU 上、双方が同じ ID "R" で、しかも、航空機から近い方にあった ROMEO

が上に表示されたため、パイロットは、本来向かうべき ROZO
ではなく ROMEO を選択し、**図 7.1** のように意図とは異なる
方向へ飛行してしまったのです。

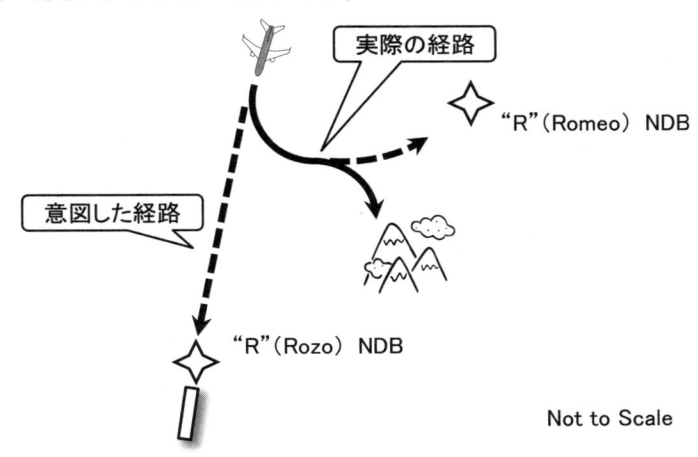

（出展: Simmon（1998）"Boeing 757 CFIT Accident at Cali, Colombia,
Becomes Focus of Lessons Learned." *Flight Safety Digest, Vol. 17,*
No. 5/6, pp.1-31, Figure 1 に基づき筆者作成）

図 7.1: アメリカン航空 965 便事故 （カリ空港： コロンビア）

　なお、これらのエラーは、RNP（機上性能監視警報機能: 第 2
章 2.4 節参照）があっても検出できない点に注意して下さい。
RNP は所望の経路に対する自機位置の誤差の程度を監視する
ものですが、所望経路の誤入力に対して警報を発することはで
きません。
　わが国においても、出発時に FMS への経路入力を完了せず
に離陸し、あるいは到着時に管制の指示通りに FMS へ経路を
入力しなかったため、経路を逸脱するという事案が発生してい
ます。
　しかしながら、ヒューマンファクター論や組織事故論を少し

でもかじったことのある方には、これらが単に「うっかり」で
済ますべきものではないという点を理解いただけると思いま
す。このようなエラーを防止するためには、発生の背景を分析
し、同様のミスを防止する方策をとることが必要です。すぐに
思いつくだけでも、誤入力を招く可能性のある寄与要因として、
急な経路変更指示、必要な方式が FMS 航法用データベースに
登録されていないあるいは登録できない状況、似たような名称
の方式が複数登録されている状況、チャート上の方式名称と
CDU 上の表示が異なる状況等が考えられます。

　もちろん、このようなエラーを防止するため、航空機乗組員
手順上の措置が講じられています。その基本は、手入力・選択
操作の機会、特に、エラーしやすいような入力・選択操作を極
力なくすことです。このため、RNAV 航行許可基準上も、多く
の航法仕様に関して、パイロットによる緯度経度による入力や
ウェイポイントの連結による経路作成を排し、あらかじめ FMS
に登録された飛行方式を、方式名称を通じて選択することを求
めています。また、選択された方式が正しいことを、マップ・
ディスプレイによって目視確認することを求めています。

7.1.2　現代の RNAV は高精度である

　RNP AR 進入方式等の航法精度は、従来の飛行方式と比較し
て非常に高いものとなっています。航法精度が向上すればより
狭い保護区域の適用が可能となり、これこそが、ミニマの改善
といった便益を生む源泉となっています。一方で区域が狭いと
いうことは、障害物データ等のわずかな誤差が、重大な影響を
及ぼす可能性があることを意味します。現代の高精度な RNAV
においては、障害物データの品質の重要性が、以前よりも格段
に増してきているのです。

　例えば**図 7.2** では、そのような障害物データ誤差の影響を、VOR 進入と RNP AR 進入方式の間で比較しています。ここで障害物のデータと真の位置との間の誤差は、両進入方式間で同じですが、その誤差の影響は大きく異なります。VOR 進入ではこのような誤差が存在しても依然として障害物は二次区域内にあって、飛行高度に影響しませんが、RNP AR 進入の場合はほとんど飛行経路中心線直下です。このように、高精度の方式を設計する上では、小さな誤差が重大な影響を及ぼしかねません。このように、飛行方式設計においては信頼性の高い障害物情報を使用することが必要です。このため、飛行方式設計者の監督のもと正確で確実な物件測量を行い、また、管理方法を定めて適切に障害物データの管理を行うこととなっています。

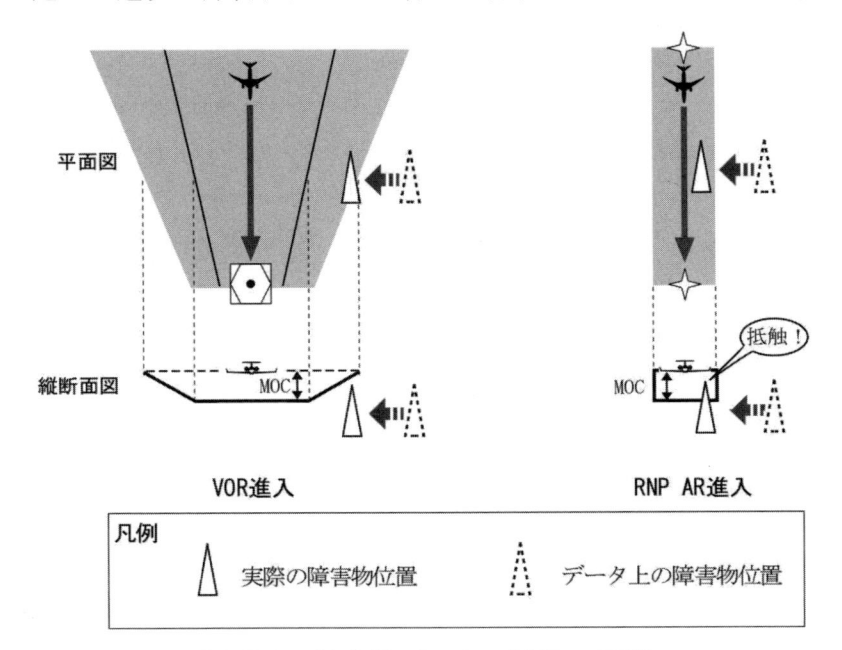

図 7.2: 障害物データの誤差の影響

7.2　RNAV のためのエラーマネジメント

7.2.1　エラー防止策の概要

　上記のような PBN の特徴のもとでのエラーを防止するために、様々な方策が講じられています。このような方策を、エラー発生場所と方策の種類の観点から分類整理したものが**表7.1** です。

表 7.1: RNAV におけるエラー防止策
（詳細は航法仕様等によって異なる）

	ライン（現業）での エラー発生防止策	バックヤードでの エラー発生防止策
航空機 乗組員 手順	➢ 緯度経度の手入力の制限 ➢ 飛行方式名称による経路の選択 ➢ マップ・ディスプレイ上での経路確認 ➢ 経路修正の制限 ➢ オートパイロット・フライトディレクターの使用	
航空機 要件	➢ マップ・ディスプレイの搭載 ➢ NavDB の搭載 ➢ NavDB を機上で書き換えできない設計	
飛行方式 設計／公 示	➢ 間違えにくいウェイポイント命名法 ➢ 間違えにくい方式命名法	➢ 要員訓練 ➢ 設計ソフト等の使用 ➢ 継続的維持管理（少なくとも5 年に 1 度の定期的確認）(*) ➢ 品質マネジメント（ISO9000 シリーズ等） ➢ コーディングの容易な（データハウスが誤解しにくいような）飛行方式
検証 (地上検証／ 飛行検証)	➢ フライアビリティ評価 ➢ チャートが煩雑でないことの確認	➢ チャート・NavDB に示されるデータの正確性の確認 ➢ 飛行方式が設定基準に適合していることの確認
データ加 工・転送・ 管理		➢ プロセス自動化 ➢ CRC（周期冗長検査） ➢ プロバイダー認証制度

注: (*) 飛行方式が設定公示された後に障害物が新設されても、エラーが生じているわけではないが、このような場合、結果的に飛行方式設定基準に示される障害物間隔が確保されない状況になる。このことから、エラーと同様のインパクトを与えるものとして、これに対する方策である飛行方式の継続的維持管理を本表に加えた。

　ここで注意していただきたいのは、表頭（列）におけるエラー発生場所すなわち「ライン（現業）でのエラー発生防止策」と「バックヤードでのエラー発生防止策」の区分です。これまで航空機運航におけるエラー防止というと、パイロットや管制官、あるいは整備士といったライン業務（現業部門）のエラーを対象とすることが中心であったように思われます。しかしながら、RNAV は FMS に格納された NavDB どおり飛ぶことが基本になっています。すなわち、RNAV における航空機の飛行は、パイロットだけでなく飛行方式設計者、飛行検証操縦士等、バックヤードの技術者の業務に大きく依存しているのです。このため、これらの技術者によるエラーを防止する方策なくして、RNAV に関連するエラー防止は決して達成しえないのです。

　一方表側（段）は、エラー防止の方策の種別（分類）を示しています。すでに述べた航空機乗組員手順上の方策の他、エラーを生じさせにくいような航空機や、飛行方式の設計・検証等が含まれています。このうち、航空機乗組員手順と航空機要件は主としてラインでのエラー防止を目指すものです。また、公示プロセス、航法データ加工・転送・管理に関する措置は、これらの作業中におけるエラーを防止しようとするものです。そして飛行方式設計・公示、ならびに検証（地上検証および飛行検証）は、ラインでのエラーとバックヤードでのエラーの双方に関わるものです。

　RNAV における飛行の安全は、このような様々なエラー防止

策によって支えられているのであり、PBN による安全性向上の便益を享受するためには、これらの方策の正しい理解・運用が不可欠なのです。

　以下の各項では、これらの方策の概要を紹介します。ただし、ここでは各航法仕様共通の一般的な傾向について触れるにとどめます。特に、乗組員手順や航空機要件の詳細は、各航法仕様等によって異なりますのでご注意下さい。

7.2.2　乗組員手順と訓練

　RNAV に関して、乗組員手順の要点は、「エラーが生じるような操作はさせない」ことです。このため、緯度経度の手入力を制限し、代わりに、飛行方式名称による経路の選択が求められます。また選択した経路は、マップ・ディスプレイ上で確認します。そして、選択した経路はそのまま使用せねばならず、その修正は制限されます。この点は、FMS を使用して既存航法の飛行方式を飛行する場合と異なります。さらに、利用可能な場合には、オートパイロットやフライトディレクターの使用が原則です。

　そして、上記のような手順を浸透させるために、運航者は乗組員に対する訓練を実施しなければなりません。

7.2.3　航空機要件

　前項のような乗組員手順を可能とするために、航空機側もこれをサポートするような機能や構造を持っている必要があります。例えば多くの航法仕様では、ARINC424 仕様に従う航法用データベースの使用が求められています。また、選択した経路の確認用に、マップ・ディスプレイの搭載が求められます。

　なお、選択したデータに基づく Active Route の修正は可能であっても、その元となる航法用データベースそのものをパイロ

ットが書き換えることはできないような設計が、FMS には求められます。

7.2.4　飛行方式の設定・公示に係る注意点

　飛行方式を設定・公示する側にも、パイロットがエラーを起こさないような方策が必要です。まず、先ほどのアメリカン航空 695 便事故のような、紛らわしいウェイポイントや方式名称は避ける必要があります。

　方式名称に関しては、単に紛らわしいものを避けるだけでなく、方式名称と CDU 上の表記が極力一致するように努めなければなりません。さもないと、パイロットがチャートと CDU を見比べたとき、CDU 上のどの方式が、チャート上で自分が選んだ方式なのか、見分けがつかなくなります。

　なお、この点に関して日本は、今一歩対応を進める必要があると考えます。ICAO 第 11 附属書（Chapter 2, para 2.12.5 および Appendix 3）は、SID や STAR の命名法を標準（Standards）として定めていますが、日本の SID や STAR の名称は、これとは大きく異なっています。パイロットによるエラー防止の観点からは、ICAO 標準への準拠が望まれるところです。

　上記はパイロットによるエラー防止策ですが、飛行方式設計者自身がエラーを起こさないよう、設計者訓練や設計ソフトの使用が求められています。AIP 発行等を行う航空情報業務においても、ISO 9000 シリーズまたはこれに相当する品質マネジメントシステムの導入が求められます。

　また、データハウスによるエラーをなくすため、コーディングの容易な（データハウスが誤解しにくいような）飛行方式の設定・公示が要求されます。標準的な文言記述の記載や記述表の使用は、データハウスによるエラー防止を主目的としていま

す。

7.2.5　飛行方式の維持管理

　エラー防止とはやや趣旨が異なりますが、飛行方式の維持管理も重要です。ICAO Annex 11 は、「標準」（Standard）として加盟国に対して定期的な飛行方式の見直しを求めています。その間隔は各国がそれぞれの事情に合せて定めることとしていますが、最長でも 5 年です。ただし多くの国はこの「5 年」の間隔が不十分であると認識し、5 年未満の間隔を定めています。例えばカナダは 4 年、豪州は 3 年、南アフリカに至っては 2 年間隔で飛行方式の見直しを行っています。

　2012 年 12 月の中央自動車道笹子トンネル天井板落下事故は記憶に新しいところです。各種インフラの維持管理は安全性を維持する上で不可欠なものです。飛行の安全性を維持する上で、空のインフラである飛行方式の維持管理も、ICAO 加盟国の重要な責務と認識されています。事故が起こってからでは遅いのです。

7.2.6　地上検証および飛行検証

　飛行方式は、その設計後、公示に先立ち複数のチェックを受けます。これが地上検証あるいは飛行検証とよばれるものです。地上検証は、当該方式を担当した者以外の飛行方式設計者によって、また飛行検証は、飛行検証操縦士（飛行検査官）によって行われます。

　飛行方式設計者によるエラー防止の観点からは、チャート・航法用データベースに示されるデータの正確性の確認や、飛行方式が設定基準に適合していることの確認がなされます。

　また、パイロットのエラー防止の観点からは、飛行検証（またはこれに先立つ飛行前検証）において、フライアビリティ（飛

びやすさ）や、チャートが煩雑でないことの確認がなされます。

7.2.7　データ加工・転送・管理

　設計・検証した飛行方式も、関連する資料やデータを加工したり転送したりする際にエラーが混入しては意味がありません。

　このため、データの加工・転送プロセスは、可能な限り電子データを用いて、自動的に行うことが求められています。紙の資料を受領して転記したりしていたのでは、いくら優秀な者でもエラーを起こすからです。

　また、自動的に転送されるデータも、途中で不具合が生じてしまう可能性が否定できません。これを検出するために、周期冗長検査（CRC: Cyclic Redundancy Check）とよばれる仕組み（アルゴリズム）が適用されます。CRC は、GBAS（地上型補強システム）や SBAS（衛星型補強システム）において、FAS データブロック（最終進入パスに係るデータのまとまり）を送信する仕組みにも適用されています。

7.3　FOSA（運航安全性評価）

　RNAV に限らず飛行方式は、正常運航を想定して設定されるものであり、1 発動機不作動のような不具合が生じた場合の安全性を保証するものではありません。

　しかしながら、RNP AR 進入方式に関しては、その特殊性を鑑み、その公示に先立ち FOSA（Flight Operational Safety Assessment: 運航安全性評価）を行うこととなっています。FOSA においては、FMS の不具合等、正常でないような様々なハザード（危険因子）を考慮します。つまり FOSA においては、飛行方式設計よりも幅広い要素を考慮することになります。

　FOSA のプロセスにおいては、まず適用しようとする運用を明確化した上で関連するハザードを識別します。次に、各ハザードに関連するリスク（想定される発生頻度と発生時の結果の深刻度）を評価します。そして、このリスクが許容レベル以下でない場合には、必要な緩和策を講じます。最後に、将来の再検討に備えて検討経緯と結果を文書として記録します。

　なお、FOSA は現在、RNP AR 進入方式に対して行われる活動と位置付けられています。一方、一般に安全性評価は、RNP AR 進入方式に限らず、より幅広く適用されるものです。ICAO の枠組みにおいて安全性評価に関しては、「ATS システムに関する、安全に関連する全ての重大な（significant）変更は、安全性評価の結果、許容安全レベルを満足することを確認し、また、ユーザーへの意見照会を行った後に導入されなければならない」（第 11 附属書 Chapter 2, para 2.27.5）と規定されており、今後、安全性評価の仕組みがより広く適用されるようになるものと考えられます。

第III部　RNAV による航行

　第 I 部では、RNAV や PBN の制度や全般的な要素概念等について説明してきました。また第 II 部では、RNAV や PBN を支える仕組みについて説明してきました。第 III 部は運航者の方々を読者として想定し、RNAV 航行許可取得のための助力となるよう、許可申請に役立つ情報を提供したいと思います。また、最後の第 9 章では、まとめとして、RNAV 航行を適用したフライトに関連したタスクを、チェックリスト風に示します。

　なお、RNAV 航行許可に係る申請手続きの詳細については、柳井研二・大谷典正（2015）『RNAV 航行の手引き：RNAV5 航行許可申請と運航』（鳳文書林）もぜひご一読下さい。

第8章　RNAV航行許可取得の手引き

8.1　概説: RNAV航行許可の仕組み

　現在公示されている各種RNAV飛行方式・RNAV経路を航行するためには、例外（注）を除き、国土交通大臣の許可を受けなければなりません。

> 注:　レーダー空港において設定されているRNAV進入は、ここでいう大臣許可対象ではありません。当該進入方式は、PBN概念導入前に設定されたものであり、ここでいう「許容される航法精度が指定された経路又は空域における広域航法による飛行」に当たらないためです。このRNAV進入に係る運航承認は、「RNAV運航承認基準」（平成14年3月19日付　国空航第1372号・国空機第1395号）に従って行われます。詳しくは、第3章3.4節および本章8.2項を参照願います。

　その根拠法となっているのが航空法（以下、「法」という）第83条の2「特別な方式による航行」です。この「特別な方式による航行」としては、航空法施行規則（以下、「規則」という）第191条の2によって以下が指定されています。

①　RVSM（Reduced Vertical Separation Minima）

②　カテゴリーII精密進入

③　カテゴリーIII（IIIA、IIIB）精密進入

④　航法精度を指定したRNAV

　ここで航法精度を指定したRNAVとは、正確には、「許容される航法精度が指定された経路又は空域における広域航法

による飛行（DME、SBAS その他の無線施設からの電波の受信又は慣性航法装置の利用により任意の経路を飛行する方式による飛行をいう。）」と記載されています。「許容された航法精度が指定された」とありますが、実際には、航法精度だけではなく航法装置の機能要件等、様々な性能要件が課せられることになりますので、これはすなわち PBN（性能準拠型航法）を意図していることになります。

　そして許可を受けるためには、申請書（指定様式に従う）および添付書類（下記 8.12.2 参照）を提出し、RNAV 航行許可基準に適合していることを示さなければなりません。申請書の様式は、「RNAV 航行の許可基準及び審査要領」（平成 19 年 6 月 7 日付　国空航第 195 号・国空機第 249 号）（以下、「RNAV 航行許可基準」ともいう）に「様式 1」として示されています。

　許可を与える基準は、以下の通りです（規則第 191 条の 4）。

① **航空機が特別な方式による航行に必要な性能及び装置を有していること**

　　「必要な性能及び装置」は、RNAV 航行許可基準中、各航法仕様に対応する附属書に、「航空機の要件」として定められています。つまり、申請者は、対象となる航空機が当該要件に適合することを示さなければなりません。具体的手順等については、8.4 にて詳述します。

② **航空機乗組員、航空機の整備に従事する者及び運航管理者が特別な方式による航行に必要な知識及び能力を有していること**

　　本要件への合致は、航空機乗組員、整備従事者および運航管理者に対する訓練項目を提示すること等によって示します（関連：RNAV 航行許可基準　第 4 章 4.2 c・4.3d.）。

③　**実施要領が特別な方式による航行の区分及び航空機の区分に応じて、適切に定められていること**

　　各航法仕様に準じた実施要領を制定し、これが、RNAV 航行許可基準中の各航法仕様別の附属書に示される「運用手順」に適合することを示すことによって、本要件への適合を示します。実施要領については、下記 8.5～8.11 にて説明します。

④　**その他航空機の航行の安全を確保するために必要な措置が講じられていること**

　　本要件については、必要な場合にのみ、その適合を示すことになります。

　上記基準とこれらへの適合を示す手段の対応をまとめると、**表** 8.1 のようになります。

表 8.1:　「規則第 191 条の 4」の基準への具体的対応

規則第 191 条の 4	対応	基準
① 航空機が必要な性能及び装置を有していること	RNAV 航行許可基準中の各航法仕様別の附属書に示される「航空機の要件」への適合を示す資料を作成・提出する。	RNAV 航行許可基準の各附属書 第 2 章「航空機の要件」
② 航空機乗組員、航空機の整備に従事する者及び運航管理者が必要な知識及び能力を有していること	左記の各要員に対する訓練項目を示す資料を作成・提出する。	RNAV 航行許可基準 第 4 章 4.2 c. 航空機乗組員及び運航管理者の訓練の課目及び実施方法 4.3 d. 整備訓練 RNAV 航行許可基準の各附属書 第 4 章 操縦者の知識及び訓練
③ 実施要領が適切に定められていること	RNAV 航行許可基準中の各航法仕様別の附属書に示される「運用手順」への適合を示す資料（適合表等）を作成・提出する。	RNAV 航行許可基準の各附属書 第 3 章 運用手順
④ その他安全確保のために必要な措置が講じられていること	（必要に応じ対応する。）	

8.2　関連基準との関係

　本章では主として「航法精度を指定する RNAV」の許可の仕組みについて説明します。その許可は RNAV 航行許可基準に基づいて行われます。一方、現在わが国においては、広義のRNAV（広域航法）に含まれる運航の種類として、「航法精度を指定する RNAV」以外のものが存在し、それらの運航を行うための承認基準等が存在します。また、「航法精度を指定する

RNAV」を行う上でも、RNAV 航行許可基準以外の実施基準等の適用を受ける場合があります。

　本節では、このような関連基準について整理したいと思います。**表 8.2** は、特に進入方式に関連する基準の適用範囲を示したものです。

表 8.2: 許可基準・承認基準・実施基準の関係

適用基準	RNP 進入 （RNP APCH）	RNP AR 進入方式 （RNP AR APCH）	RNAV 進入	非精密進入における VNAV
RNAV 航行許可基準(*1)	○	○		
RNAV 運航承認基準 (*2)			○	
GPS 実施基準（IFR）(*3)	○（GPS の使用に関して）	○（GPS の使用に関して）	○（GPS の使用に関して）	
Baro-VNAV 実施基準 (*4)	○（Baro - VNAV の実施に関して）	○（Baro - VNAV の実施に関して）	○（Baro - VNAV の実施に関して）	
FMS VNAV 承認基準(*5)				○

注: 各基準の正式名称は以下の通り：

- (*1)　「RNAV 航行の許可基準及び審査要領」
  （平成 19 年 6 月 7 日付　国空航第 195 号・国空機第 249 号）
- (*2)　「RNAV 運航承認基準」
  （平成 14 年 3 月 19 日付　国空航第 1372 号・国空機第 1395 号）
- (*3)　「GPS を計器飛行方式に使用する運航の実施基準」
  （平成 9 年 11 月 25 日付　空航第 877 号・空機第 1278 号）
- (*4)　「Baro-VNAV 進入実施基準」
  （平成 18 年 5 月 12 日付　国空航第 986 号・国空機第 1416 号）
- (*5)　「非精密進入方式において FMS 装置の VNAV 機能を使用する運航の承認基準」
  （平成 16 年 5 月 25 日付　国空航第 50 号・国空機第 66 号）

　各基準の概要は以下のとおりです。

8.2.1　RNAV 運航承認基準

　「RNAV 運航承認基準」（平成 14 年 3 月 19 日付　国空航第 1372 号・国空機第 1395 号）は、PBN すなわち航法精度を指定する RNAV の制度が導入される以前に制定されたものです。

　レーダー空港において設定されている RNAV 進入は、現在も「航法精度を指定する RNAV」の範囲外となっており、この「RNAV 運航承認基準」に基づく承認の対象です。このため、RNAV 進入を行うためには、本運航承認基準に基づき、航空局安全部長の運航承認が必要です。

　なお、先に RNAV 航行許可基準に基づきノンレーダー空港における RNP 進入（RNP APCH）に関する航行許可を取得している場合、レーダー空港における RNAV 進入を新たに行うにあたって、「RNAV 運航承認基準」に基づく承認を別途取得する必要はありません（RNAV 運航承認基準 2−1−1 (2)）。

　逆に、RNP 進入（RNP APCH）を行おうとする場合には、「RNAV 運航承認基準」に基づき RNAV 進入に係る運航承認を取得していても、別途 RNAV 航行許可基準に基づき RNP 進入に関する航行許可を取得する必要があります。

8.2.2　GPS を計器飛行方式に使用する運航の実施基準

　RNAV 航行許可基準に基づき「航法精度を指定する RNAV」を行う場合、多くの場合において GPS が広く利用されます。また、「RNAV 運航承認基準」に基づき RNAV 進入を行う場合も GPS が使用されます。

　これらいずれの場合も、GPS の使用に関しては、「GPS を計器飛行方式に使用する運航の実施基準」（平成 9 年 11 月 25 日付　空航第 877 号・空機第 1278 号）の適用を受けます。

　当該基準には、受信機等の機上装置、運航実施、規程類（飛行規程・運航規程・整備規程）、乗組員の教育訓練等に係る要

件・規定が定められています。

　なお、GPS の使用に関してはもう一つ、「GPS を有視界飛行方式に使用する運航の実施基準」（平成 9 年 12 月 5 日付　空航第 878 号、空機第 1279 号）がありますが、こちらは VFR 用ですので、注意して下さい。

8.2.3　Baro-VNAV 進入実施基準

　RNP 進入（RNP APCH: ノンレーダー空港用）、RNAV 進入（レーダー空港用）および RNP AR 進入方式（RNP AR APCH）において、気圧高度を用いた垂直航法（Baro-VNAV）を行う場合、これらの進入実施に係る航行許可・運航承認に加え、「Baro-VNAV 進入実施基準」（平成 18 年 5 月 12 日付　国空航第 986 号・国空機第 1416 号）の適用を受けます。

　なお、公示された非精密進入（VOR 進入等）を、FMS の VNAV 機能を使用して飛行する方法がありますが、その実施には、「Baro-VNAV 進入実施基準」ではなく、「非精密進入方式において FMS 装置の VNAV 機能を使用する運航の承認基準」（平成 16 年 5 月 25 日付　国空航第 50 号・国空機第 66 号）に基づく承認を受ける必要があります（第 3 章 3.5.3 項参照）。

8.3　航行許可取得プロセスの概要

　実際の許可取得プロセスにおいては、以下の各対応を行うことになります。なおこれらの各項目は、RNAV 航行許可基準中、各附属書の第 1 章 1.2 または 1.3「許可を受けるために必要となるプロセス」に示されていますが、その内容は全航法仕様共通となっています。

　①　航空機の適合性を示す書類を準備する（下記8.4参照）。

②　運用手順および運航者としての航法用データベースの
　　処理方法について適切に実施要領に定める
　　（下記 **8.5～8.9 および 8.10 参照**）。

　　注:　附属書 2（RNAV5）に対して航法用データベースは必須
　　　　ではありません。第 1 章 1.3 項中、航法用データベースの
　　　　処理に関する記述はありません。しかしながら、航法用
　　　　データベースを使用するような機材の場合には、実施要
　　　　領中に、航法用データベースの処理方法に関する規定を
　　　　定める必要があります（同附属書第 5 章）。

③　運用手順に基づく操縦者その他の訓練について、適切
　　に実施要領に定める（下記 **8.8 および 8.11 参照**）。

④　許可を取得する（下記 **8.12 参照**）。

以下の各節では、上記の各項目の概要について説明します。

8.4　航空機の適合性を示す書類の準備

　「特別な方式による航行」の一種である RNAV 航行の許可
を受けるためには、規則第 191 条の 4 第 1 項に定められるとお
り、航空機が、必要な性能および装置を有している必要があり
ます。そして RNAV 航行の許可を受けようとする運航者は、
上記条項に満足することを示さなければなりません。この「航
空機の要件」は、RNAV 航行許可基準の各附属書第 2 章「航空
機の要件」に示されています。

　要件には、測位センサーに関する要件、精度要件、機能要件
等があります。その内容は以下のようなものです（ここでは
RNP1 を中心に説明します）。

①　測位センサーに関する要件：

　ポジションアップデートにおいて使用されるべき測位センサーの種類が示されています。また、各センサー別に、信頼性確保のために必要な機能の要件等が付加されています。

②　精度要件

　航法精度に関して満足すべき要件が定められています。例えば RNAV1 の場合、横方向および経路方向の TSE（Total System Error）が、全飛行時間の 95%において中心線（Desired Track）から±1NM にあることが求められます。

③　表示装置に関する要件

　表示装置としては、Lateral Deviation Display や Navigation Display（ND）等があります。Lateral Deviation Display は Primary Flight Display（PFD）に同等の機能が統合されているものも含みます。

　これらの要件は、航法精度（TSE）に関する要件や、乗組員による飛行技術誤差（FTE）（Cross Track Error という）監視を補助するための手段として定められています。

④　航法システムの機能要件

　表示装置の他、航法仕様が想定する飛行をサポートする上で航法システムに求められる必要機能が定められています。主な機能要件には以下のようなものがあります。

　　➤　飛行経路・経路と自機位置の相対関係等を表示する機能

> ➤ ARINC424 NavDB を格納する機能。データベース中に SID や STAR といった飛行方式を登録し、方式名称によりこれをロードする機能
> ➤ RNAV 航行許可基準が指定するパスターミネーターを使用する機能
> ➤ 乗組員によって当該データベースを変更できないよう保護する構造
> ➤ 次のウェイポイントまでの距離・方位等を表示する機能
> ➤ 所望のウェイポイントに向かって "Direct-to" 飛行を行う機能
> ➤ 故障発生時にその旨を表示する機能

　PBN マニュアル（4th Edition）は、製造者が提供する飛行規程等の状況に応じ、運航者が用意すべき文書の例を示しています（**表** 8.3 参照）。

　このように、要件への適合が製造者によって確認され、その旨飛行規程等に記載されていれば、運航者としての作業はほぼないことになります（状況 1）。一方、要件に適合しているにもかかわらず飛行規程に記載がなく、サービスブリテン等が発行されていない場合には、追加の文書の作成を依頼する必要があります（状況 3）。さらにそのような文書の入手ができない場合には、運航者自らが適合性を説明する文書を作成する必要が生じますが、これは非常に骨の折れる作業となるでしょう（状況 4）。また、ある書類が入手できても、その記載内容について根拠を示す必要が生じた場合、当該根拠となる資料をさらに入手したりする必要もあります。いずれにせよ、円滑な対応のためには、航空機製造者または輸入代理店との綿密な調整

が必要です。

表 8.3: 航空機の適合性を示す書類の入手

PBN Manual (4ᵗʰ Edition) Vol. I, Attachment C

Table I-A-A3-1: Operational Approval Scenarios より

	状況	対応
1	航空機は、対象となる航法仕様に適合するよう設計され、型式証明を受けている。 　また、その旨 AFM、TC または STC に記載されている。	追加的に入手すべき書類はない。
2	航空機は、対象となる航法仕様に求められる機器を装備している。 　しかしながら、その旨 AFM に記載がない。 　SB は航空機製造者から発行されている。	航空機製造者から、SB（および AFM の改訂ページ）を入手する。
3	航空機は、対象となる航法仕様に求められる機器を装備している。 　しかしながら、その旨 AFM に記載がない。 　SB は発行されていない。ただし、適合性を示す文書は航空機製造者から入手可能である。	当局が、「適合性を示す文書」を認めるか否かを確認する。
4	航空機は、対象となる航法仕様に求められる機器を装備している。 　しかしながら、その旨 AFM に記載がない。 　SB は発行されておらず、適合性を示す文書も、航空機製造者から入手不可能である。	航空機の装備が許可基準の要件に適合することを示す資料を作成し、当局（厳密には、航空機登録国の監督当局）に提出する。
5	航空機は航法仕様に適合しない。	製造者の SB に基づき航空機を改修するか、または、認証を受けた航空機設計機関と調整のうえ、大改修（major modification）を行い、航空機登録当局の承認を得る。

略号:　AFM:　Aircraft Flight Manual（飛行規程）
　　　　STC:　Supplemental Type Certificate（追加型式証明）
　　　　TC:　　Type Certificate（型式証明）
　　　　SB:　　Service Bulletin（サービスブリテン）

8.5　実施要領の概要

　すでに触れたとおり、RNAV 航行許可取得の際は、適切な「RNAV 航行実施要領」（実施要領）を定める必要があります（運航規程を定める運航者の場合、実施要領の新規制定ではなく、同様の内容を運航規程またはその付属書等に盛り込むことになります。ただし、以下では基本的に、実施要領を制定する場合を想定して説明しています）。これによって、RNAV 航行を実施する上で適切な仕組みが運航者内に整備されることになります。

　規則第 191 条の 3 第 2 項は、実施要領に定めるべき事項として以下を掲げています。

① **航空機乗組員が行う当該特別な方式による航行に必要な航空機の操作、点検の方法及び装置が故障した場合における必要な措置に関する事項**

　　乗組員による操作手順（一般的運用手順、不測の事態における手順等）を定めます。また、飛行前計画の手順についても定めます。

② **当該特別な方式による航行に必要な装置の整備の間隔、要目及び作業の実施方法に関する事項**

　　RNAV 航行に必要な整備手順（整備要目、整備実施要領等）を定めます。

③ **航空機乗組員、航空機の整備に従事する者及び運航管理者に対して、当該特別な方式による航行に必要な知識を付与する方法並びに訓練の課目、時間その他訓練方法並びに技能審査に関する事項**

　　RNAV 航行を円滑に実施するために乗組員、整備従

事者、運航管理者等が習得しておくべき事項に関し、訓練方法、課目、時間等を定めます。

④　その他当該特別な方式による航行の安全を確保するために必要な事項

　　本項目は、必要な場合にのみ定めることになります。

　なお、規則第 191 条の 3 第 2 項の各項目は、RNAV 航行許可基準　第 4 章　実施要領の 4.2〜4.3 の各項目および同基準に添付される各附属書の第 3〜5 章に対応しています。これらの対応関係をまとめたものが、**表 8.4** です。附属書の構成は、基本的には各附属書（各航法仕様）共通となっているので、ここでは代表例として附属書 3（RNAV1/2）を取り上げて記載しました。

　なお、RNAV 航行許可基準　第 4 章は、航空運送事業者において、上記の内容が運航規程（又はその付属書及び整備規程又はその付属書）に定められている場合、独立した実施要領を定める必要はないとしています。

表 8.4:　「規則第 191 条の 3 第 2 項」と 「RNAV 航行許可基準」第 4 章および附属書 3

規則第 191 条の 3 第 2 項	RNAV 航行許可基準 第 4 章	RNAV 航行許可基準 附属書 3
（該当箇所なし）	4.1　運航者の氏名又は名称	
①　航空機乗組員が行う当該特別な方式による航行に必要な航空機の操作、点検の方法及び装置が故障した場合における必要な措置に関する事項	4.2 RNAV 航行の実施 a. RNAV 航行に必要な機上装置の構成及び運用許容基準 b. RNAV 航行の実施方法	第 3 章　運用手順 3.1　飛行前計画 3.2　一般的運用手順 3.3 RNAV SID 固有の要件 3.4 RNAV STAR 固有の要件 3.5　不測の事態における　　　手順
②　当該特別な方式による航行に必要な装置の整備の間隔、要目及び作業の実施方法に関する事項	4.3　機上装置の整備 a. 整備プログラム b. 整備実施要領 c. 適合しない航空機の処置	（該当なし）
③　航空機乗組員、航空機の整備に従事する者及び運航管理者に対して、当該特別な方式による航行に必要な知識を付与する方法並びに訓練の課目、時間その他訓練方法並びに技能審査に関する事項	4.2 RNAV 航行の実施 c. 航空機乗組員及び運航管理者の訓練の課目及び実施方法 4.3　機上装置の整備 d. 整備訓練	第 4 章　操縦者の知識及び訓練 （運航管理者及び整備士の訓練に関する記載なし）
④　その他当該特別な方式による航行の安全を確保するために必要な事項	（該当なし）	（第 5 章　航法用データベース等）

注:　運用許容基準（MEL: Minimum Equipment List）に関しては、RNAV 航行許可基準に収録される一連の附属書中、附属書 8 RNP AR APCH においてのみ規定されている。

　以下では、これらのうち RNAV 航行許可基準 第 4 章の構成に従い、実施要領に記載すべき内容について説明したいと思います。

　表 8.5 は、RNAV 航行許可基準および同附属書 3 に基づき、運航者が定める RNAV 航行実施要領の構成の例を示したものです。

表 8.5: RNAV 航行実施要領の構成例

RNAV 航行実施要領　構成（例）

1.　機上装置
　　1.1　RNAV 航行に必要な機上装置の構成
　　1.2　RNAV 運用許容基準

2.　運用手順
　　2.1　飛行前計画
　　2.2　ABAS の利用可能性の確認
　　2.3　DME の利用可能性の確認
　　2.4　一般的運用手順（RNAV SID/STAR 固有の要件含む）
　　　　2.4.1　飛行前
　　　　2.4.2　飛行中
　　2.5　不測の事態における手順

3.　操縦者の知識および訓練
　　3.1　訓練の実施
　　3.2　訓練課目（航法仕様別）
　　3.3　訓練教材

4.　航法用データベース処理要領

5.　機上装置の整備
　　5.1　整備プログラム
　　　　5.1.1　性能維持のために必要となる整備要目
　　5.2　整備実施要領
　　5.3　適合しない航空機の処置
　　5.4　整備訓練

6.　運航管理者の知識および訓練（運航管理者を配置する場合のみ）

構成に定められた形式はありませんが、いずれにせよ、RNAV 航行許可基準および関連附属書と RNAV 航行許可基準の間の適合表を作成し、適合性を示すことになりますので、RNAV 航行許可基準および関連附属書の構成に従う方が、作業は容易になると思われます。

以下の各節では、上記構成に従い、各項目において定めるべき事項を説明します。なお、実際に実施要領を策定する際には、本書よりも RNAV 航行許可基準の内容や、許可当局の判断が優先されることはいうまでもありません。また、実施要領を、各運航者固有の事情や背景に応じたものとすることも必要です。

8.6　実施要領の制定 (1): 機上装置

実施要領中、「機上装置」の章において、以下を記載する必要があります。

①　RNAV 航行に必要な機上装置の構成

RNAV 航行実施時において、使用可能でなければならない装置の一覧を記載します。

②　RNAV 運用許容基準

RNAV 航行実施時に適用される運用許容基準（MEL）を記載します。

8.7　実施要領の制定 (2): 運用手順

実施要領中、「運用手順」の項目に関しては、以下のような項目を含める必要があります。これらの手順は、実施しようとする全ての航法仕様に対応するような形で策定する必要があ

ります。
① 飛行前計画
② ABAS 利用可能性の確認（GPS を利用する場合）
③ DME 利用可能性の確認（DME/DME を利用する場合）
④ 一般的運用手順（RNAV SID/STAR 固有の要件）
⑤ 不測の事態における手順

　基本的には、RNAV 航行許可基準の各附属書中、第 3 章「運用手順」に定められた要件に適合する手順を定め、これを実施要領に収録します。下記の各項目において、RNAV 航行許可基準中、RNAV1（附属書 3）に関して該当する章・セクションを、[　　]で示しました。適宜参照願います。他の航法仕様（附属書）の場合、セクションの番号が若干異なりますが、同じ章番号「第 3 章」に収録されているという点は同じです。

8.7.1　飛行前計画

　飛行計画時の手順について定めます。主な項目は以下の通りです。

①　飛行計画書の記載に係る事項

　RNAV 航行許可基準に従って「航法精度を指定する RNAV」すなわち PBN を実施する場合、飛行計画書中、その意図に合致した記載を行う必要があります。実施要領においては、その記載ルールについて定めておくべきでしょう。

　具体的な記入内容としては、まず飛行計画書第 10 項中、装備区分（"N"または"S"）に続き、「使用可能な搭載機器の種類及び当該機器の性能並びに当該航空機の能力に該当する記号」として、"R"（PBN 航行の許可）を記載します。

　　　さらに、第 18 項（その他の情報）に、"PBN/"に続け、許可を受けた RNAV 航行の種別を記載します。例えば RNAV1 の場合、以下のいずれかを記載します。

　　　　D1:　RNAV1（許可されたセンサー全て）
　　　　D2:　RNAV1（GNSS）
　　　　D3:　RNAV1（DME/DME）
　　　　D4:　RNAV1（DME/DME/IRU）

　　注:　2012 年 11 月 15 日より、飛行計画記入要領は大幅に変更されました。
　　　　詳細については、AIP（大型版）ENR 1.10 飛行計画を参照願います。

②　飛行計画立案時の留意事項 *[第 3 章 3.1]*

　　　RNAV 航行を適用する飛行計画を立案する場合の留意事項について、実施要領に定めておく必要があります。例えば、RNAV1 等の NavDB に基づく航行において、飛行計画は、NavDB の登録範囲内でなければなりません。その他必要に応じ、航行援助施設や RAIM の利用可能性の確認手順についても定める必要があります。下記 8.7.2 も参照願います。

8.7.2　ABAS の利用可能性の確認 *[第 3 章 3.1.1]*

　　　センサーとして GPS を使用する場合、飛行前に RAIM の利用可能性を確認する必要がありますので、その手順を実施要領に定めます。

　　　具体的には、国土交通省発行の RAIM NOTAM や国土交通省 RAIM 予測ウェブサイト（GPS RAIM Prediction Japan, URL: https://raim-japan.mlit.go.jp/）（要登録・無料）による確認の他、商用サービスの利用によって RAIM 利用可能性を確認することができます。

8.7.3　DME の利用可能性の確認 *[第 3 章 3.1.2]*

　DME に依存した航行を実施する場合には、DME の利用が支障のないことを確かめる手順を、実施要領に定めます。

　具体的には、クリティカル DME が運用されていることの確認（NOTAM による）や、飛行中にクリティカル DME が故障した場合の航行継続可能性の確認を手順として定めます。

8.7.4　一般的運用手順 *[第 3 章 3.2 他]*

　RNAV 航行許可基準の各附属書の第 3 章の項目に満足するよう、通常運航における一般的運用手順を定めます。航法仕様によって、該当する項目番号が若干異なります。表 8.6 に、主な航法仕様に関して、一般的運用手順策定時において準拠すべき内容が記載された附属書中の主な項目を示します。

表 8.6: 一般的運用手順策定において準拠すべき主な項目

航法仕様	附属書	該当箇所
RNAV5	附属書 2	3.3　一般的運用手順
RNAV1/2	附属書 3	3.2　一般的運用手順 3.3 RNAV SID 固有の要件 3.4 RNAV STAR 固有の要件
RNP APCH	附属書 5	3.2　進入方式飛行開始前手順 3.3　進入方式飛行中手順 3.4　一般的運用手順
RNP4	附属書 6	3.2　飛行前の手順 3.4　航空路
RNP1 （Basic RNP1）	附属書 7	3.2　一般的運用手順 3.3 RNP 選択能力のある航空機 3.4 Basic RNP1 SID 固有の要件 3.5 Basic RNP1 STAR 固有の要件

注: いずれの附属書も、該当する章は第 3 章 運用手順である。

　基本的には、上記各項目に示された標準的な運用手順を実施要領に定めることになります。RNAV1 を例にとると、以下のような項目が列記されています（主な要件のみ記載）。

[飛行フェーズ共通の要件]
- ➢ NavDB が最新であることや、自機位置が正しいこと等の確認
- ➢ NavDB から選択した飛行方式がチャートの内容に一致していることの確認、並びに、NavDB から選択した飛行方式の修正の制限
- ➢ 望ましい飛行モード（LNAV）や、これに適した表示装置の使用
- ➢ 飛行中のクロス・トラック・エラーの監視

[SID 固有の要件]
- ➢ RNAV エンゲージ高度
- ➢ 離陸滑走開始点における自機位置の確認（DME/DME/IRU を使用する GPS 非装備機の場合）
- ➢ GPS 信号受信の確認（GPS を使用する場合）

[STAR 固有の要件]
- ➢ 管制官からヘディングや直行を指示された場合の手順

8.7.5　不測の事態における手順 *[第 3 章 3.5]*

　RNAV 航行許可基準には、不測の事態において従うべき手順が示されており、これに準じた手順を、実施要領に定めることになります。例えば、RNAV 性能が低下した場合や、RNAV 経路の要件に従うことができない場合には、パイロットはその旨、管制機関へ通知しなければなりません。また、通信機の故障の際の手順についても実施要領中に定めます。

8.8　実施要領の制定 (3): 操縦者の知識および訓練

　RNAV 航行許可基準　第 4 章　4.2 c.「航空機乗組員及び運航

管理者の訓練の課目及び実施方法」は、運航者に対し、操縦者および運航管理者の訓練に関して、その課目および実施方法を定めることを求めています。このうち、操縦者訓練に関しては、各附属書（いずれも第 4 章）において、必要とされる知識や訓練要件が定められているので、その内容を網羅するような訓練課目を策定する必要があります。

　RNAV 航行許可基準 附属書 3 第 4 章は、RNAV1 に係る操縦者訓練において必須とされる項目として、以下を掲げています。

表 8.7: RNAV1 に係る操縦者訓練必須項目
[RNAV 航行許可基準 附属書 3 第 4 章]

---

a) 第 3 章に規定する RNAV 1 又は RNAV 2 航行に必要となる運用手順
b) 航空機の機器／航法精度の重要性及び適切な使用
c) チャート表示及び文字情報から判断される経路の特徴
d) 関連する飛行経路と同様に、ウェイポイント・タイプ（フライ・オーバー及びフライ・バイ）とパスターミネーター（第 2.4 項の ARINC 424 パスターミネーターとして規定されているもの及びその他運航者により使用されるタイプ）の表示
e) RNAV 経路、SID 及び STAR における運航に必要な航法装置（例えば、DME/DME、DME/DME/IRU 及び GNSS）
f) RNAV システム仕様に関する情報
　i)　自動化のレベル、モード表示、変更、アラート、干渉、リバージョン及び性能低下
　ii)　他の航空機システムとの機能的なつながり
　iii)　関連する操縦者の手順のほか、経路の不連続（route discontinuity）の意味と適切な対応
　iv)　運航に対応した操縦者の手順

v) RNAV システムに使用される航法センサーのタイプ（例え
ば、DME、IRU、GNSS）及び関連するシステムの優先順位
付け／重み付け／ロジック

vi) 速度と高度の影響を考慮した旋回予測

vii) 電子ディスプレイとシンボルの解釈

viii) RNAV 航行を行うために必要となる航空機の形態及び運用
状態、すなわちコース・デビエーション・インジケーターの
スケールの適切な選択（横方向の逸脱表示のスケール）

g) 適用できる場合には、以下の行為をどのように実施するかを含
む、RNAV システムの運用手順

i) 航空機の航法用データの有効期間及び完全性の確認

ii) RNAV システムのセルフテストが完了したことの確認

iii) 航法システムの測位の初期化

iv) 適切なトランジションを含む SID 又は STAR の選択と飛行

v) SID 又は STAR に関連する速度及び高度制限の遵守

vi) 使用滑走路に対する適切な SID 又は STAR の選択、及び滑
走路変更の取扱いの手順に精通すること

vii) 手動又は自動アップデートの実施（適用される場合には、テ
イクオフポイントシフトを含む。）

viii) ウェイポイントとフライト・プランのプログラミングの確認
(*)

ix) ウェイポイントへのダイレクト飛行

x) ウェイポイントへのコース／トラックの飛行

xi) コース／トラックのインターセプト

xii) レーダー誘導での飛行及びヘディングモードから RNAV 経
路への会合

xiii) クロス・トラック・エラー／デビエーションの判定。詳細に
は、RNAV を継続するために許容される最大デビエーション
が理解され、尊重されなければならない。

xiv) 経路の不連続の解決

xv) 航法センサーからの入力の削除及び再選択

xvi) 必要に応じ、特定の無線施設又は特定の種類の無線施設の排
除の確認

xvii)国の航空当局により要求される場合には、従来型の無線施設

を使用した総航法誤差の確認の実施 (*)

xviii) 到着空港等及び代替空港等の変更

xix) 機能を有している場合には、パラレル・オフセット機能の実施。操縦者はどのようにオフセットが適用されるのか、乗り組む航空機の特定の RNAV システムの機能及び当該機能が使用できない場合の管制機関への連絡の必要性について理解しておくこと。

xx)　RNAV による待機（Holding）機能の実施

h) フライトフェーズに対する運航者推奨の自動化のレベルとそのワークロード。（経路の中心線を維持するためにクロス・トラック・エラーを最小にする方法を含む。）

i) RNAV 航行における無線電話通信用語

j) RNAV システム故障時における不測の事態の手順

　RNAV1 と RNP1（Basic RNP1）の内容はほぼ同じです。異なるのは、RNAV の語が RNP や RNP1 に置き換えられる点と、(*) を付した 2 項目が RNP1 に含まれない点のみです。このため、RNAV1 航行許可取得済みの運航者が RNP1 航行許可を取得する場合、かなりの部分で訓練を簡素化することができると考えられます。

　実際の申請においては、自社の訓練審査規程（Qualifications Manual）等の該当箇所や訓練教材等の根拠資料を示し、RNAV 航行許可基準および同附属書の要件を満足することを説明してゆきます。

　なお、RNAV についての訓練が既に他の訓練に組み込まれている場合には、追加的に別個の訓練を実施する必要はありません。特に、RNAV 機器の操作に関しては、基本的には、RNAV 航行許可申請時においてすでに習得済みとなっているのが一般的でしょう。ただし、そのような場合であっても、どのよう

な訓練において実施されているのかを特定し、訓練審査規程の該当箇所を参照すること等により、許可申請時に適合性を示す必要があります（RNAV 航行許可基準　第 4 章 4.2 c. 注）。

8.9　実施要領の制定 (4):　航法用データベース処理要領

　RNAV システム（FMS）を使用する上で航法用データベース（NavDB）が重要なのはいうまでもありません。ただし、これを適切に使用するためには、単に FMS に航法用データベースをロードするだけではなく、適切な処理方法を定め、実施要領の一部としなければなりません。この点に関する審査基準は、RNAV1 の場合、RNAV 航行許可基準　附属書 3 第 5 章「航法用データベース」に定められています。

　実施要領に定めるべき事項には、以下のようなものがあります。

①　NavDB の入手先に関する事項

　　使用する航空機の FMS に適した NavDB の入手先となるプロバイダーを指定する必要があります。

　　また、当該プロバイダー、RTCA DO-200A（EUROCAE ED 76）「航空用データ処理基準」に定められる品質マネジメント基準に適合していなければなりません。基準に適合すると認められたプロバイダーは、その監督官庁（米国であれば FAA、欧州であれば EASA（European Aviation Safety Agency））から承認レター（LOA: Letter of Acceptance）の発給を受けています。この LOA の写しをプロバイダーから受け取り、許可申請書に添付する必要があります。

②　**プロバイダーへの不具合報告等に関する事項**

　　不具合を発見した場合に直ちに是正措置をとり、その不具合によるリスクを最小限に留めることは、品質マネジメントにおいて非常に重要なことです。

　　このため、経路が無効となるような不具合を発見した場合、その不具合についてすみやかにプロバイダーに報告する旨、実施要領に定める必要があります。

　　また、不具合のある経路については航空機乗組員がこれを使用することのないよう、実施要領に定める必要があります。

③　**使用すべきでない航空保安無線施設の扱いに係る事項**

　　何らかの理由により、ある特定の施設（DME）が位置アップデートに影響を及ぼし、測位エラー（マップ・シフト等）を生じさせることがあります。通常このようなDME は AIP においてその旨記載されており、これらを使用しないよう実施要領に定める必要があります。

　　同様に、レンジオフセットを使用した ILS または MLSに関する施設の使用も禁じられなければなりません。

8.10　実施要領の制定 (5): 機上装置の整備

　　航法精度その他の性能要件を満足することは、わが国の「航法精度を指定した RNAV」すなわち PBN において、最も重要なテーマの一つです。このためには、航空機が必要機器を装備していることに加え、その性能を維持し、これを確認するための機上装置の整備が不可欠です。このため RNAV 航行許可基準（第 4 章 4.3）は、機上装置の整備に関する基準を定めています。その基準の内容は、整備プログラム（整備要目）、整備

実施要領、適合しない航空機の処置および整備訓練に係るもの
です。以下、これらの基準の概要を示します。実施要領におい
ては、各項目に関する規定を適宜定める必要があります。

①　整備プログラム

　　整備プログラムとして、性能維持のために必要となる
整備要目を設定しなければなりません。すなわち、どの
機器（例えば、GPS 受信機、IRU 等）を、どのような方
法で、どのような期間をもって（また何の機会に）点検
するか等を定める必要があります。

②　整備実施要領

　　RNAV 航行許可基準は、「必要に応じ、航空機及び機
上装置の製造者の指示する整備手順に基づき、適切に整
備実施要領を設定すること」と定めています。

　　このため、航行許可申請時に、運航者として適用する
製造者発行整備マニュアル（整備実施要領）等を明記し
ます。あるいは、整備マニュアルに準じた整備規程を独
自に定める場合にあっては、当該整備規程中に必要な規
定を収録します。

③　適合しない航空機の処置

　　RNAV 航行許可基準は、「性能要件に適合することが
不可能になった航空機は、必要な対策が講じられるまで
RNAV 航行を実施しないこと」を求めています。このた
め、同様の内容を実施要領中に定めます。また、このよ
うな場合の連絡・対応手順等についても適宜規定する必
要があります。

④　整備訓練

　　実施要領中、整備作業を行う要員に対する規定を定め、その規定に従って訓練を実施する必要があります。この訓練に関して RNAV 航行許可基準は、以下の事項を含めることを求めています。

　　(1)　関連規程類を理解し、必要な書類の処置が行えること。
　　(2)　性能維持に要求される整備実施要領を理解し、必要な整備処置が行えること。

　　実施要領には、これらを含む訓練を、いつ、どのような機会に実施するかを定めます。

　　なお、RNAV に関する訓練が既に他の訓練に組み込まれている場合には、追加的に別個の訓練を実施する必要はありません。ただしそのような場合であっても、どのような訓練において実施されているのか特定し、許可申請時にこれを示す必要があります（RNAV 航行許可基準第 4 章 4.3 d. 注）。

8.11　実施要領の制定(6): 運航管理者の知識および訓練

　　運航管理者が配置される場合にあっては、運航管理者に対しても、RNAV 航行実施に必要な知識および能力を有していることが求められます（関連: RNAV 航行許可基準　第 4 章 4.2 c.）。当然のことながらこのような場合には、運航管理者に対しても必要な訓練を行う必要があります。

　　しかしながら、操縦者訓練とは異なり、運航管理者訓練については、必要な訓練項目について、RNAV 航行許可基準および同附属書には定められていません。唯一、RNP AR APCH につ

いてのみ、運航管理者訓練に関する要件が定められています（附属書 8　第 4 章　4.1 d)）。

　たしかに、RNP AR APCH は他の航法仕様とは異なる特殊な要素を有していますが、運航管理者として有すべき知識に関しては、相当な部分が他の航法仕様と共通と考えられます。**表8.8** は、このような考えから、RNP AR APCH 航行に係る運航管理者訓練要件に基づき、他の航法仕様一般（表中、「RNAV航行」と記載）に係る訓練項目を例示したものです。最終的な判断は、許可当局の指示に従ってください。

表 8.8: RNAV 航行実施に係る運航管理者訓練項目一覧（例）

RNAV 航行実施に係る運航管理者訓練項目一覧（例）
1.　RNAV 航行の定義と種類
2.　RNAV 航行に使用する航法装置その他の装置の重要性
3.　RNAV 航行の規制要件（regulatory requirements）と 　　方式（procedures）
4.　GPS RAIM（又は同等のもの）予測の使用および RAIM 利用 　　可能性が RNAV 航行の方式に与える影響（GPS を使用する場合）
5.　以下を判定する方法 　　5.1　航空機の装備品の能力を考慮した RNAV 航行の利用可能性 　　5.2　運用許容基準の適用における運航管理上の影響の有無 　　5.3　航空機の能力の有無 　　5.4　目的地および代替空港等における航法信号の利用可能性

8.12　許可取得

8.12.1　許可申請書

　さて、ここまでできたらいよいよ許可取得申請です。このためには、申請書すなわち「特別な方式による航行の許可申請書」を作成する必要があります。当該申請書は、RNAV 航行許可基準に、様式1として収録されています。次図はその記入例です。

（様式1）

特別な方式による航行の許可申請書

国土交通大臣　　広域　航一　殿
　　　平成 25 年 2 月 18 日

　　　　　　　　　　　　　住所　　東京都大田区羽田空港○-○
　　　　　　　　　　氏名又は名称　　○○航空株式会社
　　　　　　　　　　　　　　　代表取締役社長　　　　　㊞
　　　　　　　　　　　　　　　　○○　○○

　下記の航空機について、特別な方式による航行の許可を受けたいので関係書類を添えて申請します。

航空機の型式	セスナ式○○○型
国籍及び登録記号	JA○○○
行おうとする特別な方式による航行	広域航法による飛行 （航空法施行規則第 191 条の 2 第 1 項 第 5 号）
当該特別な方式による航行に必要な装置	別表○参照
当該特別な方式による航行の開始予定日	平成 25 年 4 月 6 日
その他参考となる事項	なし

注1　氏名を記載し、押印することに代えて、署名することができる。
　2　航空機の型式並びに国籍及び登録記号については、まとめて申請してもよい。
　3　当該特別な方式による航行に必要な装置については、添付としてまとめてよい。

注: 斜字体は例として記載した情報を示す。

図 8.1: 「特別な方式による航行の許可申請書」記入例

8.12.2　許可申請に添付すべき書類

RNAV 航行許可の申請時には、上記許可申請書に加え、下記書類を提出することとなっています（RNAV 航行許可基準　第 2 章 2.1b)）。

①　規則第 191 条の 3 第 2 項に規定する実施要領

実施要領については、8.5 から 8.11 の各節にて説明したとおりです。

②　規則第 191 条の 4 の基準への適合性を示す書類

「適合性を示す書類」については、8.4 節にて説明したとおりです。

③　その他参考となる書類

上記①および②の他、適宜参考となる書類を添付します。その他、LOA（Letter of Acceptance）を受けた NavDB 供給業者から NavDB の供給を受けることが求められる場合、当該 LOA を添付する必要があります。

上記を含め、提出資料の例をまとめたものが**表 8.9** です。なお、申請時の状況等により提出する書類が異なってきますので、実際の申請にあたっては、担当官の指示に従ってください。

表 8.9 の「(2) 適合表」は、運航者の実施要領等が RNAV 航行許可基準の各条項に適合することを一覧表の形で示すものです。例として挙げた**表 8.10**（RNAV 航行許可基準　本文との対照）および**表 8.11**（同附属書との対照）に示すような適合表を作成し、申請書に添付するのがよいでしょう。この適合表は、実際の準備作業において最も基本となる資料だといえます。

表 8.9: RNAV 航行許可申請時に提出する資料（例）

資料	備考
(1) 特別な方式による許可の許可申請書	RNAV 航行許可基準 様式 1
(2) 適合表	RNAV 航行許可基準の規定と、それを満足する根拠を対照させる表（表 8.10 参照）
(3) RNAV 航行実施要領 または下記書類（該当箇所のみ。適宜新旧対照表を付す）	（規則第 191 条の 3 第 2 項）
運航規程	運用手順が RNAV 航行許可基準（および同附属書）を満足することを示す（本章 8.7 参照）。
訓練審査規程	操縦者の知識及び訓練が許可基準（および同附属書）を満足することを示す（本章 8.8 参照）。
航法用データベース処理要領（航法用データベースの搭載が求められている航法仕様のみ）	航法用データベースの処理要領が適切に定められていることを示す（本章 8.9 参照）。
整備規程および附属書等	整備プログラム（整備要目）、整備実施要領、整備訓練等が RNAV 航行許可基準（第 4 章 4.3）を満足することを示す（本章 8.10 参照）。
(4) 航空機の適合性を示す書類 例えば ・飛行規程（該当箇所） ・Service Bulletin、Service Letter 等	（規則第 191 条の 4） 書類の種類等については表 8.3 参照（本章 8.4 参照）
(5) 上記を補強する資料。例えば：	
訓練教材	訓練審査規程による説明を補強
Letter of Acceptance (LoA)（航法用データベースの搭載が求められている航法仕様のみ）	認証を受けたプロバイダーから航法データベースを入手していることを示す。
機体装備品一覧	航空機の適合性を示す上で使用

表 8.10: RNAV 航行適合表の例 (RNAV 航行許可基準本文)

RNAV 航行の許可基準及び審査要領	RNAV 航行実施要領
第 1 章　総則	省略
第 2 章　許可申請	省略
第 3 章　運航基準	省略
第 4 章　実施要領	
運航者は、規則第 191 条の 3 第 2 項に定める事項を記載した実施要領を定めること。 　なお、航空運送事業者において、以下の内容が運航規程又はその付属書及び整備規程又はその付属書に定められている場合、当該箇所を実施要領に代えることができる。	
4.1.　運航者の氏名又は名称	表紙
4.2.　RNAV 航行の実施	
a.　RNAV 航行に必要な機上装置の構成及び運用許容基準	1.1 RNAV 航行に必要な機上装置の構成 1.2 RNAV 運用許容基準
b.　RNAV 航行の実施方法 　附属書に規定する運用手順の要件に基づき、航空機乗組員が実施すべき必要な航空機の操作、点検方法、機上装置が故障した場合における必要な処置等が定められていること。	2.　運用手順
c.　航空機乗組員及び運航管理者の訓練の課目及び実施方法 　航空機乗組員及び運航管理者の訓練の課目及び実施方法について、適切に定められていること。なお、操縦者については、附属書に定める操縦者の知識及び訓練の要件に基づき定めること。また、特定の航空機乗組員により繰り返して航法エラーが発生した場合等、必要に応じ再発防止訓練や知識・技能の再確認を実施することが定められていること。 　注：RNAV についての訓練が既に他の訓練に…（略）	3.　操縦者の知識及び訓練 6.　運航管理者の知識及び訓練
4.3 機上装置の整備	
a.　整備プログラム 　必要に応じ、性能維持のために必要となる整備要目を設定すること。	5.1 整備プログラム
b.　整備実施要領 　必要に応じ、航空機及び機上装置の製造者の指示する整備手順に基づき、適切に整備実施要領を設定すること。	5.2 整備実施要領
c.　適合しない航空機の処置 　性能要件に適合することが不可能になった航空機は、必要な対策が講じられるまで RNAV 航行を実施しないこと。	5.3 適合しない航空機の処置
d.　整備訓練 　整備作業を行う要員に対し、次に掲げる事項について訓練を実施しなければならない。 (1) 関連規程類を理解し、必要な書類の処置が行えること。 (2) 性能維持に要求される整備実施要領を理解し、必要な整備処置が行えること。 注：RNAV についての訓練が既に他の訓練に…（略）	5.4 整備訓練
第 5 章　雑則	該当せず

注:　「RNAV 航行実施要領」中のセクション番号は、表 8.5 に示した例と整合させてある。

表 8.11: RNAV 航行適合表の例（附属書 3）（抜粋）

附属書 3　RNAV1 及び RNAV2 航行に関する許可基準	RNAV 航行実施要領
第 1 章　総則	
1.1.　目的	省略
1.2　他の基準との関係 　欧州 JAA は、P-RNAV 航行に関して…（略）	該当しない
1.3.　許可を受けるために必要となるプロセス 　RNAV1 及び RNAV2 航行の許可を受けるためには、以下の対応が必要となる。	
a) 航空機の適合性を示す書類を準備する。 　P-RNAV（TGL-10）と米国 RNAV（AC 90-100）の双方に適合するシステム又は米国 RNAV（AC 90-100A）に適合するシステムは、この附属書の第 2 章の要件にも適合するとみなしてよい。また、P-RNAV（TGL-10）と…（略）	下記文書により、航空機の適合性が確認されている。 [適合性を示す製造者発行文書の名称を記載]
b) 運用手順及び運航者としての航法用データベースの処理方法について適切に実施要領に定める。	2. 運用手順 4. 航法用データベース処理要領
c) 運用手順に基づく操縦者の訓練その他の訓練について、適切に実施要領に定める。	3. 操縦者の知識及び訓練 5.4. 整備訓練
d) 許可を取得する。	省略
第 2 章　航空機の要件	第 1 章 1.3 a) 右記のとおり
第 3 章　運用手順	
3.1.　飛行前計画 　RNAV 1 又は RNAV 2 経路における運航を行おうとする航空機は、適切に飛行計画を通報しなければならない。…（略）	2.1　飛行前計画
3.1.1.　ABAS の利用可能性 　RNAV 1 又は RNAV 2 航行においては、RAIM の利用可能性について一定のレベルにあることを確認しなければならない。…（略）	2.2 ABAS の利用可能性の確認
3.1.2.　DME の利用可能性 　DME に依存した航行を実施する場合には、クリティカル DME の健全性を検証するため、NOTAM を確認すべきである。操縦者は…（略）	2.3 DME の利用可能性の確認
3.2　一般的運用手順	
a) 操縦者は、RNAV システムの初期設定時において、航法用データベースが有効なものであること及び自機の位置が正しく入力されていることを確認しなければならない。操縦者は…（略） （中略）	2.4　一般的運用手順 [該当箇所を明記]
3.5 不測の事態における手順 　RNAV 性能が低下した場合には、操縦者は、その後の対応措置を含め、管制機関へ通知しなければならない。もし…（略）	2.5 不測の事態における手順
第 4 章　操縦者の知識及び訓練 　以下の項目について、航空機の RNAV システムに関する操縦者の訓練に含まれなければならない。	
a) 第 3 章に規定する RNAV 1 又は RNAV 2 航行に必要となる運用手順	3.2 訓練課目 [該当箇所を明記]
b) 航空機の機器／航法精度の重要性及び適切な使用	3.2 訓練課目 [該当箇所を明記]
（中略）	
第 5 章　航法用データベース	4. 航法用データベース処理要領

注:　「RNAV 航行実施要領」中のセクション番号は、表 8.5 に示した例と整合させてある。

8.12.3　許可取得のためのヒント

　許可申請手続きは、多くの場合、反復的なプロセスとなることが予想されます。RNAV 航行許可基準に示された要件への適合を示すためには、根拠となる資料、書類等の提出が必要になります。そのような資料の入手を迅速に行うことが、迅速な許可取得への近道となります。また、その資料の妥当性を示す補足資料の入手や作成が必要になることもあります。

　また、航空機製造者等の発行する文書の大部分は英語でしょうから、ある程度の英語力も必要になるでしょう。ただし、このような技術文書の英語は定型的な表現が多く、経験とともに徐々に慣れてくるものと思われます。

　なお、RNAV 航行を含む各種許可申請や規程類整備をサポートするコンサルタント会社も活躍されているようです。いざというときには相談されてみてはいかがでしょうか。

8.13　RNAV 航行許可制度の今後

　これまで説明してきたとおり、現時点で、本邦運航者がRNAV を行うためには大臣許可を取得する必要があります。しかし 2016 年、ICAO 第 6 附属書（航空機運航）が改正され、ICAOレベルでは「RNP AR 運航以外は RNAV 航行に特別な許可を求めない」という形に制度変更されました（ただし、国の監督対象から全く外れてしまうわけでありません）。

　ICAO によれば、今回の改正は RNAV 運航の普及促進と当局のリソースの有効活用を通じた安全性向上を目指すものであり、改正案成立過程において大多数の ICAO 加盟国がこの方針に賛成しています。ICAO ではさらに、RNP AR 進入方式についても、特に急峻な地形を縫って飛行するようなもの以外につ

いては許可取得プロセスを簡素化するよう検討がなされています。

　もちろん、ICAO の方針転換を反映して便益を享受するためには国内法令等の改正が必要です。しかし、RNAV 普及促進を通じた安全性向上に向け、また、VOR の急速な縮退に伴う RNAV の必要性拡大に対応するため、許可制度の見直しを通じた RNAV 導入加速に向けた議論を進めてもらいたいものです。

第 9 章　まとめに代えて: RNAV 方式の飛び方

　これまで、RNAV に関連する様々な事項に関して説明してきました。第 I 部では、RNAV の歴史的経緯や原理、そして航法仕様について説明しました。また第 II 部では、RNAV 飛行方式の設計やコーディング等、RNAV を支える様々な仕組みについて説明しました。

　これらの説明に基づき、前章では、RNAV 航行許可取得の手引きを示しました。これで、RNAV によって実際に航行するための足掛かりを、少しは提供できたのではないかと考えます。

　本章では、まとめとして、RNAV による航行に関連するタスク全般の流れを、チェックリスト風におさらいしたいと思います。このチェックリストは、RNP1（Basic RNP1）および RNP APCH（RNP 進入）の各航法仕様に係る規定をベースに作成しています。このため、DME/DME による位置アップデートに係るルール等は省略しています。ここで示すのはあくまで RNAV による航行の概要にすぎません。詳細かつ具体的な運用手順等については、RNAV 航行許可基準その他の規程類を参照願います。

9.1　準備段階

□　RNAV 航行許可の取得（第 8 章）

　前章でも詳述したとおり、RNAV 航行を行う場合には、国土交通大臣の許可が必要です。適宜な申請を行い、許可を得て下さい。また申請に先立ち、第 8 章に示したような各種準備を行って下さい。すなわち、航空機の適合性を

示す書類（8.4 節）、運用手順（8.6 節）、航法用データベース処理要領（8.9 節）等を準備・作成する必要があります。

　なお、RNP AR 進入方式に関しては、対象空港・方式毎の許可が必要です。

□　**航法用データベースの準備（第 8 章）**

　ARINC424 フォーマットに基づく航法用データベース（NavDB）の使用が求められる航法仕様に対しては、使用する FMS に適した NavDB を入手しておく必要があります。

　NavDB の処理に関わる各種手順については、航法用データベース処理要領を定めた上で、これに従って行う必要があります（8.9 節）。

　なお、NavDB は、当該組織を管轄する当局からの認証すなわち LOA（Letter of Acceptance）を取得したデータベースサプライヤーが作成したものでなければなりません。

□　**訓練の実施（第 8 章）**

　操縦者に対して、RNAV 航行許可基準の各附属書に示されるような訓練を実施しなければなりません（8.8 節）。また、運航管理者が配置される場合は、運航管理者に対する訓練も必要です（8.11 節）。

9.2　飛行計画

□　**RAIM 利用可能性の確認**

　GPS を用いようとする場合、予定する RNAV 方式・経路上において、RAIM が利用可能であることを確認します。これは、① 国発行の RAIM NOTAM、② 国土交通省 RAIM

予測ウェブサイト（URL: https://raim-japan.mlit.go.jp/）（要登録・無料）または③　民間サービスプロバイダーによる RAIM 予測サービスのいずれかによって行うことができます。

　　SBAS（MSAS）を使用する場合は、RAIM 利用可能性の確認は不要です。

☐　**飛行計画書の作成と提出（第 8 章 8.7.1 項参照）**

　　予定する経路等に従い、飛行計画書を作成・提出します。

　　2012 年 11 月 15 日付の飛行計画記入要領の大改正に伴い、RNAV 航行に関連する記入項目も変更されています。詳細については、AIP（大型版）　ENR 1.10「飛行計画」を参照願います。

9.3　出発前

☐　**NavDB が最新のものであることの確認**

　　操縦者は、CDU 上にて、NavDB が有効なものであることおよび自機の位置が正しく入力されていることを確認します。2AIRAC サイクル分のデータを格納可能な FMS にあっては、有効なサイクルが選択されていることを確認します。

☐　**経路の選択と確認**

　　操縦者は、出発前のクリアランスおよびその後の経路変更において管制機関からアサインされた経路が正しく入力されていることを確認します。その際、CDU、Navigation Display 等に表示されたウェイポイントの順序が、チャートや承認された経路に合致していることを確認します。

　　ここで使用される経路は、NavDB から方式名で選択さ

れたものでなければなりません。管制機関の承認に応じて、選択した後に特定のウェイポイントを追加・削除する場合を除き、経路を修正することはできません。

　なお、CDU とチャートの間でウェイポイント間の磁方位に差が生じることがあります。これは、方式設計ツールと FMS の方位計算ロジックの相違等によるものであり、3°以内の差は許容可能であるとされています（RNAV 航行許可基準 附属書 7、3.2 項 c）他）。

9.4　飛行中（地上走行中含む）

□　正しい空港・滑走路データ等のロードの確認

　離陸開始する前に、操縦者は、FMS が利用可能かつ正しく作動し、正しい空港等および滑走路データがロードされていることを確認しなければなりません。

　特に、平行滑走路を有する空港においては、隣の滑走路を選択することのないように注意して下さい。

□　エンゲージ高度

　RNP1（および RNAV1）SID により離陸する場合、空港等の標高上 500ft までに FMS をエンゲージします。

□　クロス・トラック・エラーの監視

　操縦者は、飛行中において、自機が所望の経路から逸脱しないことを監視する必要があります。これが、クロス・トラック・エラー／デビエーション（FMS が計算した経路と当該経路に対する航空機の位置との間の相違、すなわち FTE）の監視です。

　FTE は、経路に関する航法精度の 1/2 以内（RNP 進入の

最終進入セグメントを除く）に制限されます。RNP1 の場合、この値は 0.5NM です。RNP 進入の最終進入セグメントにあっては、航法精度（0.3NM）の 1/2 である 0.15NM ではなく、0.25NM が限界値となります。

　ただし、経路における旋回中およびその直後における、航法精度の最大 1 倍まで（すなわち、RNP1 にあっては 1.0 NM）の、この基準からの短時間の逸脱は、許容されます。

☐　スケールの設定

　監視は ND（Navigation Display）等をモニターすることによって行いますが、機種によってその方法は異なります。Lateral Deviation Indicator 等にあっては、この FTE 監視を行いやすいようなスケールにセットする必要があります。

☐　LNAV モードの使用

　RNP1 経路においては、操縦者は、Lateral Deviation Indicator、FD（Flight Director）または AP（Auto Pilot）を LNAV モードで使用しなければなりません。同様の規定は、RNAV1、RNP 進入（RNP APCH）、RNP AR 進入方式（RNP AR APCH）にもあります。これは、FTE を許容範囲内とするための措置といえます。

　なお RNAV2 経路に関して LNAV の使用は必須ではなく、「LNAV モードを使用すべきである」との推奨規定になっています。

☐　管制指示等への対応

　目的地空港への到着時、管制間隔確保等のために管制官からヘディング、あるいはウェイポイントへの直行（Direct-to）の指示が発出されます。操縦者は、これに迅

速に対応する必要があります。

　さらに、着陸滑走路の変更時には、滑走路、IAP、STAR を選択しなおす必要も生じます。ヘッドダウンしすぎないよう、十分注意願います。

□　**不測の事態における対応**

　以下のような不測の事態が生じた場合、操縦者は、その後の対応措置を含め、管制機関へ通知しなければなりません。

> ➤ RNP 性能が低下した場合（完全性警報の発出または航法機能の喪失）
> ➤ RNAV 航行許可基準の定める要件（すなわち運航者が定める実施要領）に従うことができなくなった場合）

略　語

（主として飛行方式設定基準から抜粋）

注: 斜字で示した日本語は、便宜上、本書独自に付したものであり、公式のものではない。また、*を付したものは、NavDB コーディングにおけるパスターミネーターの種類（レグタイプ）を示す。

A

ABAS 機上型補強システム
（Aircraft-based augmentation system）

AC アドバイザリーサーキュラー（Advisory circular）

ADS 自動従属監視（Automatic dependent surveillance）

AFM 飛行規程（Aircraft flight manual）

AIP 航空路誌（Aeronautical information publication）

APCH 進入（Approach）

APCH-Tr アプローチトランジション（Approach transition）

APV 垂直方向ガイダンス付進入方式
（Approach procedures with vertical guidance）

AR *特別許可を要する*（Authorization required）

ARP 飛行場標点（Aerodrome reference point）

ATC 航空交通管制（Air traffic control）

ATM 航空交通管理（Air traffic management）

ATS 航空交通業務（Air traffic services）

ATT 航跡方向許容誤差（Along-track tolerance）

B

Baro VNAV　気圧垂直航法（Barometric vertical navigation）

B-RNP1　　ベーシック RNP1（Basic RNP1）

C

CA*　　　*指定高度までの指定コースによる飛行*（Course to an altitude）

CAT　　　カテゴリー（Category）

CDFA　　継続降下最終進入（Continuous descent final approach）

CDI　　　コース偏位指示器（Course deviation indicator）

CDO　　　継続降下運航方式（Continuous descent operation）

CDU　　　コントロールディスプレイユニット（Control display unit）

CF*　　　*フィックスへの指定コースでの飛行*（Course to a fix）

CFIT　　　操縦可能状態での地表衝突（Controlled flight into terrain）

CMV　　　地上視程換算値（Converted meteorological visibility）

CNS　　　通信・航法・監視（Communication, Navigation, Surveillance）

CPDLC　　管制官パイロット間データ通信（Controller-pilot data link communication）

CRC　　　周期的冗長検査（Cyclic redundancy check）

D

DA/H　　　決心高度／高（Decision altitude/height）

DER　　　滑走路離陸末端（Departure end of the runway）

略　語

DF*	*フィックスへの直行*（Direct to a fix）
DME	距離測定装置（Distance measuring equipment）
DR	推測航法（Dead reckoning）
DTT	システム利用精度（System use accuracy）

E

EUROCAE	欧州民間航空電子装置機関・ユーロカエ（European Organization for Civil Aviation Electronics）

F

FA*	*フィックスから指定高度へ指定コース上の飛行*（Fix to an altitude）
FAA	米国連邦航空局（Federal Aviation Administration）
FAF	最終進入フィックス（Final approach fix）
FAR	（米国）連邦航空規則（Federal Aviation Regulations）
FAS	最終進入セグメント（Final approach segment）
FD	フライトディレクター（Flight director）
FD	故障検出（Fault detection）
FDE	故障検出・排除（Fault detection and exclusion）
FM*	*フィックスからパイロットによる中断までの指定コース上の飛行*（From a fix to a manual termination）
FMC	フライト・マネジメント・コンピューター、飛行管理コンピューター（Flight management computer）
FMS	フライト・マネジメント・システム、飛行管理システム（Flight management system）
FOSA	運航安全性評価（flight operational safety assessment）
FTE	飛行技術誤差（Flight technical error）

| FTS | ファストタイムシミュレーション（Fast time simulation） |

G

GBAS	地上型補強システム（Ground-based augmentation system）
GLS	GBAS 着陸装置（GBAS landing system）
GNSS	全地球的航法衛星システム（Global navigation satellite system）
GP	グライドパス（Glide path）
GPS	全地球測位システム（Global positioning system）
GPWS	対地接近警報装置（Ground proximity warning system）
GS	対地速度（Ground speed）

H

HAL	水平方向警報限界（Horizontal alarm limit）
HCH	ヘリポート通過高（Heliport crossing height）
HL	高さ損失（Height loss）
HM*	*パイロットによる中断までの待機経路上の飛行*（Holding to a manual termination）

I

IAF	初期進入フィックス（Initial approach fix）
IAP	計器進入方式（Instrument approach procedure）
IAS	指示対気速度（Indicated airspeed）
ICAO	国際民間航空機関（International Civil Aviation Organization）

略　語

IF*	*開始フィックス*（Initial fix）
IF	中間進入フィックス（Intermediate approach fix）
IFR	計器飛行方式（Instrument flight rules）
ILS	計器着陸装置（Instrument landing system）
IMC	計器気象状態（Instrument meteorological conditions）
INS	慣性航法装置（Inertial navigation system）
IRS	慣性基準装置（Inertial reference system）
IRU	慣性基準ユニット（Inertial reference unit）
ISA	国際標準大気（International standard atmosphere）
ISO	国際標準化機構（International Organization for Standardization）

K

KIAS	指示対気速度・ノット（Knot indicated airspeed）

L

LAAS	狭域補強システム（Local area augmentation system）
LNAV	水平航法（Lateral navigation）
LOA	*（データハウスおよびデータパッカーに対する）認定書*（Letter of acceptance）
LOC	ローカライザー（Localizer）
LPV	垂直ガイダンス付ローカライザー級性能（Localizer performance with vertical guidance）

M

MAPt	進入復行点（Missed approach point）
MDA/H	最低降下高度／高（Minimum descent altitude/height）

MEA	最低経路高度（Minimum en-route altitude）
MMR	マルチモードレシーバー（Multi-mode receiver）
MOC	最小障害物間隔（Minimum obstacle clearance）
MOCA	最低障害物間隔高度（Minimum obstacle clearance altitude）
MSA	最低扇形別高度（Minimum sector altitude）
MSAS	運輸多目的衛星用衛星航法補強システム（MTSAT satellite-based augmentation system）
MSD	最小安定距離（Minimum stabilization distance）
MSL	平均海面（Mean sea level）

N

NavDB	航法データベース（Navigation data base）
ND	ナビゲーションディスプレイ（Navigation display）
NDB	無指向性無線標識（Non-directional beacon）
NM	海里（Nautical mile）
NPA	非精密進入（Non precision approach）
NSE	航法システム誤差（Navigational system error）

O

| OAS | 障害物評価表面（Obstacle assessment surface） |
| OCA/H | 障害物間隔高度／高（Obstacle clearance altitude/height） |

P

| PA | 精密進入（Precision approach） |
| PACOTS | *太平洋系統トラックシステム*（Pacific organized track system） |

略　語

PANS	航空業務方式（Procedures for air navigation services）
PANS-OPS	航空業務方式—航空機運航（Procedures for air navigation services ‐ Aircraft operations）
PAPI	進入角指示灯（Precision approach path indicator）
PBN	性能準拠型航法（Performance-based navigation）
PDG	方式設計勾配（Procedure design gradient）
PFD	プライマリーフライトディスプレイ（Primary flight display）
PinS	ポイントインスペース進入（Point-in-space approach）

Q

QA	品質保証（Quality assurance）

R

RAIM	受信機自立型完全性モニター（Receiver autonomous integrity monitoring）
RDH	基準点高（Reference datum height）
RF*	*フィックスへの固定半径アーク上の飛行*（Constant radius arc）
RNAV	広域航法（Area navigation）
RNP	航法性能要件（Required navigation performance）
RNP AR	*特別許可制 RNP 方式*（Required navigation performance authorization required）
RSS	二乗和平方根（Root sum square）
RVR	滑走路視距離（Runway visual range）
RWY	滑走路（Runway）
RWY-Tr	ランウェイトランジション（Runway transition）

S

SARPs	標準・勧告方式（Standards and recommended practices）(ICAO)
SB	サービスブリテン（Service bulletin）
SBAS	衛星型補強システム（Satellite-based augmentation system）
SDF	ステップダウンフィックス（Step down fix）
SI	SI 単位、国際単位系（International system of units）
SID	標準計器出発方式（Standard instrument departure）
SIS	空中信号（Signal in space）
ST	システム計算許容誤差（System computation tolerance）
STAR	標準計器到着方式（Standard instrument arrival）
STC	追加型式証明（Supplemental type certificate）

T

TAA	ターミナル到着高度（Terminal arrival altitude）
TACAN	タカン（Tactical air navigation）
TAS	真対気速度（True air speed）
TC	型式証明（Type certificate）
TERPS	*米国ターミナル飛行方式設定基準（タープス）* （United States Standard for Terminal Instrument Procedures）
TF*	*フィックスへの大圏上の飛行*（Track to a fix）
THR	滑走路進入端（Threshold）
TSE	全システム誤差（Total system error）
TSO	*技術基準令*（Technical standard order）

V

VA*	*指定高度までのヘディング飛行*（Heading to an altitude）
VAL	垂直方向警報限界（Vertical alarm limit）
VEB	垂直誤差限界（Vertical error budget）
VFR	有視界飛行方式（Visual flight rule）
VHF	超短波（Very high frequency）
VI*	*次レグに会合するまでのヘディング飛行*（Heading to an intercept）
VIS	視程（Visibility）
VM*	*パイロットによる中断までのヘディング飛行*（Heading to a manual termination）
VNAV	垂直航法（Vertical navigation）
VOR	超短波全方向レンジ（Very high frequency omni-directional radio range）

W

WAAS	広域補強システム（Wide area augmentation system）
WGS	世界測位システム（World geodetic system）
WP	ウェイポイント（Waypoint）

X

XTT	横断方向許容誤差（Cross-track tolerance）

著者略歴

中西 善信 （なかにし よしのぶ）

1969 年 1 月	奈良市生まれ
1992 年 3 月	京都大学理学部数学系 卒業
2011 年 3 月	放送大学大学院文化科学研究科修士課程 修了 修士 （学術）
2014 年 3 月	神戸大学大学院経営学研究科博士後期課程 修了 博士 （経営学）

全日本空輸株式会社、財団法人航空交通管制協会等を経て、現在、長崎大学経済学部 准教授。

国際民間航空機関 （ICAO） 飛行方式パネル （IFPP） アドバイザー・元品質保証ワーキンググループ座長。国立研究開発法人 海上・港湾・航空技術研究所 電子航法研究所 客員研究員。気象予報士。

専門は飛行方式設計、空域計画、航法データベース、運航基準、組織論等。

主な著書に、『改訂版 飛行方式設計入門：進入・出発方式の世界へのいざない』（鳳文書林）、『RNAV 方式の設計と原理：続・飛行方式設計入門』（鳳文書林）、『飛行方式ハンドブック』（鳳文書林：共著)がある。

平成 25 年 3 月 5 日 初版発行 印刷 シナノ印刷
令和元年 11 月 8 日 3 訂版発行

RNAVハンドブック
PBNの理解と普及のために
中西 善信著

発行 鳳文書林出版販売㈱

〒105-0004 東京都港区新橋 3-7-3

Tel 03-3591-0909 Fax 03-3591-0709 E-Mail info@hobun.co.jp

ISBN978-4-89279-451-3 C3065 ￥2800E 定価 本体価格 2,800 円＋税